通信系统实战笔记

无处不在的信号处理

梁 敏 / 著

U0377228

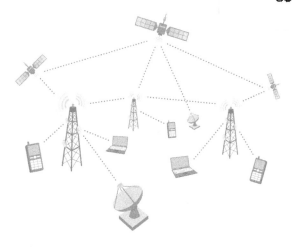

人民邮电出版社

北京

图书在版编目（CIP）数据

通信系统实战笔记：无处不在的信号处理 / 梁敏著
. -- 北京 : 人民邮电出版社，2024.4
ISBN 978-7-115-63141-1

Ⅰ. ①通… Ⅱ. ①梁… Ⅲ. ①通信系统－信号处理
Ⅳ. ①TN914

中国国家版本馆CIP数据核字(2023)第218589号

内 容 提 要

通信系统理论内容与实际的工程开发既相互联系，又有区别。本书基于作者20多年的通信系统开发经验，重新审视通信系统理论与工程开发的重点、难点知识，期望引发读者思考，帮助读者构建个人知识体系、提升工程实践能力。

本书重点阐述了在全球移动通信系统（GSM）、长期演进技术（LTE）、全球定位系统（GPS）等通信系统技术、产品开发中遇到的问题与思考、通信工程中常用的算法和其内在的物理含义，以及通信系统架构设计的逻辑等。此外，本书还介绍了通信芯片采用的电路及其原理、通信芯片与软件无线电系统之间的关系、底层逻辑等内容，并结合5G系统的物理层关键参数和过程定义对5G系统进行分析，对其工程开发进行解读，构建5G芯片架构。

本书通俗易懂，案例丰富，实践性强，适合通信专业的大学生及从事通信系统开发的工程师阅读，也适合希望跨专业了解通信系统的工程师阅读。

◆ 著　　　梁　敏
责任编辑　王海月
责任印制　马振武

◆ 人民邮电出版社出版发行　　北京市丰台区成寿寺路 11 号
邮编　100164　　电子邮件　315@ptpress.com.cn
网址　https://www.ptpress.com.cn
北京天宇星印刷厂印刷

◆ 开本：775×1092　1/16
印张：10.75　　　　　　　　2024 年 4 月第 1 版
字数：242 千字　　　　　　 2024 年 12 月北京第 3 次印刷

定价：69.80 元

读者服务热线：**(010)53913866**　印装质量热线：**(010)81055316**
反盗版热线：**(010)81055315**
广告经营许可证：京东市监广登字 20170147 号

PREFACE 前言

多年以前我刚开始学习通信基础知识时，那时通信的发展目标是要实现任何人、在任何地方、任何时间都可以被连接。如今，互联网将全世界的人们连接在一起，人们可以随时随地进行通信。其中，穿梭于整个空间的无线信号，帮助人们实现了通信的目标。是现代信号处理技术的发展使这个宏伟的梦想变成现实。可以说，没有信号处理，就没有现如今的科技世界。

信号处理技术是以数学和物理知识为基础，综合软件工程、电路基础、计算机架构和逻辑学等多门学科专业知识的一种应用技术。学习、掌握和应用信号处理技术是一件让人痛并快乐的事情。在实际工程开发中，我们看到的是在仪器上显示的信号波形，实际上它可能与抽象的数学公式"纠缠"在一起，这或许让人头疼不已。但是，每一次抽丝剥茧的分析和推理过程，每一次发现新的设计思路或者找到新的改进方向，以及在解决问题的过程中获得的成就感，都让人对这个过程难以忘怀。所以，经历了众多的、小小的激动瞬间，我希望能将自己对这些理论和工程问题的理解与他人分享，这也成为我写这本书的动力。

然而，对通信系统的理解是永无止境的，它会不断颠覆已有的认知。某一天我问自己，无线信号看不见、摸不着，它究竟是什么？它的能量究竟是怎么传递的？我居然不知道该如何回答这个问题。

很多时候，内心的那个声音一直在问："对于通信系统，你真的明白了吗？真的明白了吗？"我们一直在坚持什么呢？我想，是坚持追求对这个世界的真正理解。我不敢说自己真的理解了，因为当坐下来写作的时候，我又发现自己还有那么多疑惑。但总是可以更进一步了解一些，思考更深一点，从而可以更多地发现不同表象之间的内在联系，进而扩展和加深认知。为了这样的一种执着，我开启了创作本书的旅程，记录我曾经进行的关于通信系统的思考，希望能与志同者交流，给后来者帮助。

本书先简单梳理了与通信系统相关的基本概念，以此作为分析底层逻辑的基础。从

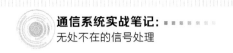
通信网络结构，到通信系统的层次划分，再到终端在一个系统中的基本行为与过程，帮助读者逐步掌握分析通信系统的方法。

后来我发现高层协议有很多具体的新内容，但是底层信号处理的基本方法还是一样的，于是我在本书中也增加了一节探讨 5G 信号处理方面的内容。虽然本书不能解决读者对某个通信系统的所有困惑，但是它也许能帮助你找到解决问题的途径。

CONTENTS ✒ 目 录

第 1 章　通信系统的基本概念 ………………………………………… 001

1.1　通信系统的需求：从了解问题出发 …………………………… 002

1.2　通信网络结构：架构是基础 …………………………………… 002

1.3　通信协议层级：了解各层级的位置与功能 ………………… 003

1.4　注册与漫游：无身份不通信 …………………………………… 004

1.5　信息交换过程：有连接或无连接 …………………………… 004

1.6　通信系统架构：同步与异步 …………………………………… 005

第 2 章　通信系统的底层逻辑 ………………………………………… 007

2.1　时域与频域：基础概念中的基础 …………………………… 008

2.2　相位：究竟是谁携带信息 …………………………………… 011

2.3　调制：用合法的车作为载体传输 …………………………… 013

2.4　同步：普遍存在并非普遍理解 ……………………………… 016

　　2.4.1　建立同步 ……………………………………………… 016

　　2.4.2　保持同步 ……………………………………………… 018

　　2.4.3　实践案例 ……………………………………………… 018

　　2.4.4　思路扩展 ……………………………………………… 025

2.5　功率控制：容易被忽视的维度 ……………………………… 026

　　2.5.1　CDMA 功率控制案例 ………………………………… 028

　　2.5.2　OFDMA 功率控制案例 ……………………………… 029

2.6　校准：给你一个可以信任的基石 ………………………………………… 030

   2.6.1　案例 1：一个个体在不断变化的外界条件下要表现一致需要校准 ………… 030

   2.6.2　案例 2：多个个体在同样的外界条件下尽量表现一致需要校准 …………… 031

   2.6.3　案例 3：多个个体能协调一致地共同满足某个条件需要校准 ……………… 032

2.7　实时性：不可延迟 ……………………………………………………………… 032

   2.7.1　案例 1：语音信号处理的实时性 …………………………………………… 032

   2.7.2　案例 2：GSM 的实时性 …………………………………………………… 033

   2.7.3　案例 3：时分 LTE（TD-LTE）实时性 ………………………………… 035

   2.7.4　处理器和操作系统的实时性问题 …………………………………………… 039

2.8　小区切换：无切换不移动 …………………………………………………… 041

   2.8.1　第一个关注点：如何检测信号，确定终端达到小区的边缘 ……………… 041

   2.8.2　第二个关注点：如何快速地完成在小区边缘跨界的切换 ………………… 042

   2.8.3　第三个关注点：如何保证切换过程中的语音信号的质量 ………………… 043

   2.8.4　路测看效果 …………………………………………………………………… 044

2.9　远距离通信：绕过地平线 …………………………………………………… 045

2.10　灵敏度与信噪比（SNR）：建立通信的信号能量基线 …………………… 046

2.11　干扰与多径：信道总是复杂的 …………………………………………… 048

2.12　频率容限：影响通信效果的因素 ………………………………………… 049

2.13　功耗：真的是一个系统工程 ……………………………………………… 050

2.14　系统吞吐量：系统构建思维的必备点 …………………………………… 053

第 3 章　通信工程的常用算法 ……………………………………………… 055

3.1　相关运算：富含底蕴的乘积累加运算 …………………………………… 056

   3.1.1　相关运算在 GSM 中的应用 …………………………………………… 057

   3.1.2　相关运算在 CDMA 系统中的应用 …………………………………… 057

   3.1.3　相关运算在 LTE 网络中的应用 ……………………………………… 058

   3.1.4　相关运算在 CNN 中的应用 …………………………………………… 058

   3.1.5　思路扩展 ……………………………………………………………………… 058

3.2 FFT：不仅仅是时频变换 ·· 060

    3.2.1 案例 1：GSM 中的频率控制块（FCB）信号的搜索 ········· 061

    3.2.2 案例 2：GPS 信号的捕获 ······································· 064

    3.2.3 案例 3：LTE 的 FFT 应用 ······································ 067

    3.2.4 FFT 的电路结构 ··· 070

3.3 Viterbi：在卷积编码内外 ··· 071

    3.3.1 卷积编码与 Viterbi ··· 072

    3.3.2 信道均衡与 Viterbi ··· 073

3.4 CRC：循环冗余很有必要 ·· 075

3.5 信道估计与均衡：通信接收机必备 ·································· 076

3.6 信号成形滤波：信道的带宽总是有限的 ····························· 079

3.7 语音处理与回声抵消：隐藏的英雄 ·································· 081

    3.7.1 声学回声的形成 ··· 082

    3.7.2 VoIP 的声学回声特征及处理的难点 ·························· 083

    3.7.3 利用声码器的参数进行回声检测 ······························· 083

    3.7.4 精确定位回声的算法 ··· 086

    3.7.5 总结 ·· 087

3.8 测距：哪种方法更精确 ·· 088

    3.8.1 功率测距 ··· 088

    3.8.2 时间测距 ··· 088

    3.8.3 相位测距 ··· 089

    3.8.4 相位测量方向 ··· 090

    3.8.5 红外信号测距 ··· 091

3.9 跳频与扩频：对抗窄带干扰的有效措施 ····························· 093

第 4 章 通信系统的解析和构建实例 ························· 095

4.1 GPS：从另一个角度看定位系统和方法 ···························· 096

    4.1.1 GPS 的灵敏度 ·· 097

4.1.2 移动通信系统与 GPS 的对比 ………………………………… 099

4.2 5G 标准解读：系统构建的一个实例 ………………………… 101

4.2.1 子载波间隔 ………………………………………………… 101

4.2.2 频段 ………………………………………………………… 104

4.2.3 传输带宽 …………………………………………………… 104

4.2.4 发射功率 …………………………………………………… 105

4.2.5 调制方式 …………………………………………………… 105

4.2.6 伪随机序列产生 …………………………………………… 107

4.2.7 OFDM 基带信号生成 ……………………………………… 109

4.2.8 PUSCH 和 PDSCH 的流程 ……………………………… 109

4.2.9 PRACH 的生成 …………………………………………… 111

4.2.10 参考信号 …………………………………………………… 115

4.2.11 同步过程 …………………………………………………… 117

4.2.12 实时性要求分析 …………………………………………… 118

4.3 芯片架构讨论：工程实战的制高点 ………………………… 121

4.3.1 阅读通信协议（第一步） ………………………………… 121

4.3.2 搭建原型机的硬件和软件（第二步） …………………… 122

4.3.3 芯片架构设计（第三步） ………………………………… 123

4.3.4 细节打磨（第四步） ……………………………………… 127

第 5 章　通信工程实战经验 ……………………………… 129

5.1 理解 MAC ……………………………………………………… 130

5.2 汇编与其 C 语言封装 ………………………………………… 134

5.3 SDR …………………………………………………………… 136

5.3.1 发射链路处理 ……………………………………………… 136

5.3.2 接收链路处理 ……………………………………………… 137

5.3.3 控制面处理 ………………………………………………… 138

5.3.4 思路扩展 …………………………………………………… 139

5.4 嵌入式软件的实时性 ……………………………………………… 141

5.5 通信系统开发调试经验小结 …………………………………… 142

    5.5.1 物理层调试系列——学会看波形 ……………………………… 142

    5.5.2 物理层调试系列——结合仪器定位问题 ……………………… 152

    5.5.3 思路扩展 ……………………………………………………… 156

参考文献 ……………………………………………………………… 159

第1章
通信系统的基本概念

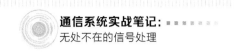

1.1　通信系统的需求：从了解问题出发

在讨论其他问题之前，先来了解一下通信网络要解决的问题。简言之，通信网络需要解决网络中终端之间互相通信的问题。

要解决这个问题，通信网络需要先知道终端的身份和位置，即终端是谁、终端在哪里，然后响应终端发起的通信请求，为终端建立从发起端到被呼叫端的连接，并单向或者双向传递通信终端之间的信息。

通信网络有系统吞吐量的上限、支持多少终端同时通信的容量上限、支持终端通过网络同时传输的信息量上限。通信网络有不同的结构，其子网络甚至子子网络的结构也可能不同，这些子网络、子子网络同样存在系统吞吐量及系统容量问题，以及确保传输信息的正确、完整、合法等安全方面的要求。

对于具体需要通信的对象来说，它们的网络结构和通信协议设计可能有很大的差异，也就形成了不同大小的通信网络，如手机使用的全球移动通信网络、固定电话使用的光纤到户通信网络、无人机编队之间的通信网络、卫星星座构建的卫星通信网络等。我们需要根据具体要解决的问题，先分析通信网络整体的需求，再分解各个通信节点的需求，从而逐步构建一个适合的通信系统架构。

1.2　通信网络结构：架构是基础

常见的通信网络结构主要有两种，一种是星形网络结构，另一种是网状网络结构，当然也不排除还有将这两种结构以多种层次组合在一起的结构。

星形网络结构如图 1-1 所示，多个终端（节点）都通过一个控制和交换中心与外网终端通信，或者多个终端相互之间通信。这种通信网络结构简单，每个终端只需要与同一个控制和交换中心联系即可。如果终端数超过一个控制和交换中心能够承受的容量，则需要增加控制和交换中心。不同的控制和交换中心又需要通过更高一级的控制和交换中心进行信息交换。这种网络结构的弱点在于，控制和交换中心越高级，其权限越大，安全性要求也越高。如果高级的控制和交换中心被攻击或者发生异常，则注册在该控制和交换中心的所有终端都不能正常通信。大多数移动通信网络都采用这样的通信网络结构。

网状网络结构如图 1-2 所示，图中的每个节点可能是一个终端或者一个控制和交换中心。在这样的结构中，一个终端可以直接连接到多个控制和交换中心，多个控制和交换中心之间可以互相有一步直达的连接路径。与星形网络结构相比，这种网络结构更复杂，当然鲁棒性也更强。自主网络采用这种网络结构更有利。

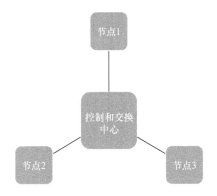

图1-1 星形网络结构

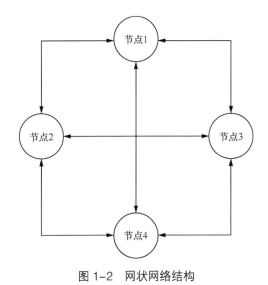

图1-2 网状网络结构

1.3 通信协议层级：了解各层级的位置与功能

我们都知道互联网有七层结构，其实通信网络也有多层结构。在对等的层级之间可以进行对等的通信协议交换，逐级构建自己的语义系统，如图1-3所示。这样每一层级的功能划分清晰，即使跨越多个网段，每一个对等层级之间也能互相通信。这种层级划分方法为通信协议设计和开发者提供了更灵活的互联互通平台。

本书重点介绍信号处理内容，即对应通信协议层级的最底层或次底层。这一层负责

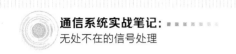

在不同的物理介质（如无线信道、电缆信道、光纤信道、红外信道等各种不同的信道）上，通过各种基带信号或者调制信号的处理，构建各种编码或者不编码的信息包结构，完成信息的传输。

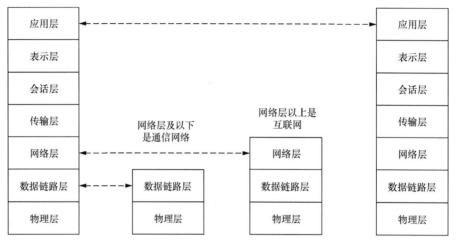

图 1-3　通信协议层级

1.4　注册与漫游：无身份不通信

　　一个终端如果在某个网络中没有身份，则该网络不能识别此终端，且不会给这个终端传输信息的任何权限，因此这个终端不能发起或者接收任何通信请求。所以每一个终端在接入一个网络的时候，都要先注册。注册的过程可以是网络发现终端，然后发起注册命令；也可以是终端发现网络，然后发起注册请求。不管谁先发起注册，都需要网络确认终端的身份合法后，甚至终端也是在确认网络的身份合法后，才能被注册到此网络中。

　　如果终端的位置发生了变化，一般需要在更换接入的基站时告知网络。这相当于一次终端位置更新的注册过程，也就是通常所说的漫游。网络只有时刻知道终端所在的位置，且身份合法，才能在任何时间、任何地点满足此终端发起的通信需求，或者找到这个终端与其进行通信。

1.5　信息交换过程：有连接或无连接

　　电路交换，即有连接通信，在每一次终端通信之前都需要先建立连接，然后交换信息，最后结束这个过程，断开连接。这个连接建立的过程是必需的。由于网络很复杂，这个端到端的连接可能需要经过很多节点。在通信过程中,这些节点的连接都是存在的,且持续保持到连接断开为止。这些节点可能是交换芯片里面的一个电路,可能是中央处理芯片里面运行的一段代码,也可能是无线链路中的一段频率和时间资源,总之,它们以各种形式存在。

另一种通信的方式是无连接,无连接是分组交换通信系统的特征。例如,IP 分组自带源地址和目的地址,在通信的过程中,每个分组都可以通过不同的中间节点路由到目的地址,所以每次通信都不需要先建立连接。

图 1-4 展示了面向连接的通信过程与无连接通信过程的对比。由于面向连接的通信方式能保证整个通信过程的资源独占性,因此在信息传输完整性方面具有更高的可靠性。无连接的通信方式没有建立连接的初始开销,效率更高,但是在信息传输可靠性方面有所欠缺。两者各有优势,在不同的场景中都有很好的应用。

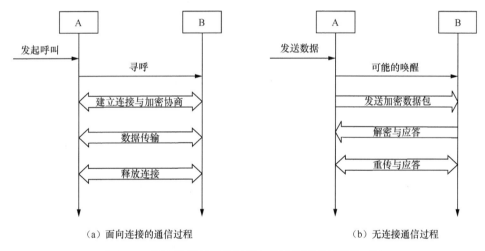

（a）面向连接的通信过程　　　　　　　　（b）无连接通信过程

图 1-4　面向连接的通信过程与无连接通信过程的对比

1.6　通信系统架构：同步与异步

本节主要以无线通信双方——基站和终端为例,说明同步通信和异步通信两种方式。当然,同步通信和异步通信不仅用在无线通信中,其他任何两者之间的通信场景,都可以基于这两种方式中的一种。例如,同一个电路板上的两个处理器之间的通信既可以采用异步串行接口通信,又可以采用同步串行接口通信。

图 1-5 所示为同步通信系统与异步通信系统的原理时序。

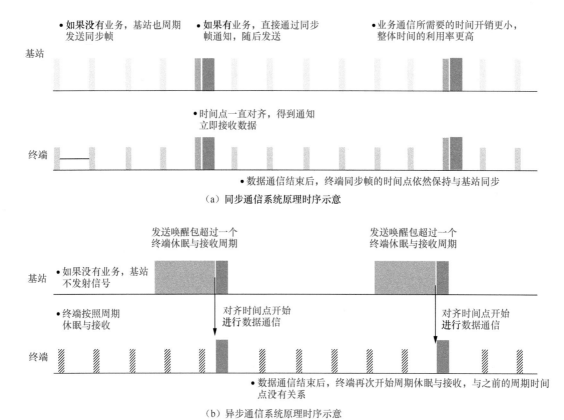

（a）同步通信系统原理时序示意

（b）异步通信系统原理时序示意

图 1-5　同步通信系统与异步通信系统原理时序示意

在同步通信系统中，基站与终端任何时候都是保持时间同步的。基站会一直周期性地发送同步信号，终端周期性地醒来监听此同步信号，随时调整自己的时间偏差，确保下一次醒来监听时刚好落入基站发射的时间窗内。一旦有业务数据需要发送，基站在紧接同步信号的时间窗内就可以发送数据。同步通信系统中的基站有发送同步信号的开销，但是整个系统的吞吐量可以更大，数据通信的实时性也更好。

在异步通信系统中，基站与终端在没有通信业务的时候是没有任何信号交互的，也就是说，基站是不发射任何信号的，虽然终端会周期性地醒来监听但接收不到任何信号。只有需要发送业务数据的时候，基站才会发射同步信号，并持续发射足够长的时间，确保终端周期性地休眠后醒来时接收机仍能接收到该同步信号，并根据指示到对应的时间窗进行数据传输。这样的系统没有保持时间同步所需要的开销，但是每次传输数据前都有比较大的时间开销。

第 2 章
通信系统的底层逻辑

2.1 时域与频域：基础概念中的基础

在研究一个通信系统的基础信号时，我们经常会提到时域、频域及时频转换，它们究竟有什么物理含义呢？

注意： 本节和 3.2 节将从不同角度探讨时域、频域的概念，互为补充。

直观地看，时域信号是指信号的幅度、相位随时间变化。而频域信号呢？提到频域信号时，我们首先想到的是通过傅里叶变换公式得到的另外一个维度，对时间积分后得到的信号，或者说物理量。

为什么会有频域概念呢？可以这样理解，只是直观地看时域信号并不能获得该信号的完整物理参数，不能全面地理解这个信号，例如这个信号是否有重复的规律，或者说重复规律的周期多长、程度多大；而信号的频率正好能够表示这方面的属性，所以需要从频域维度对信号进行研究。

引入频域信号，主要是为了解决对信号进行平稳性分析的问题，也为多维度地分析信号提供了理论依据和工具手段。信号越平稳，对应的频率分量就越少，从频域上看，能量就越集中。信号越随机，对应的频率分量就越多，频谱也就越宽。时频信号的分析过程是把信号放到更多的维度上去分析。在时域上完全重叠的信号，在频域上完全可以不相交，即完全正交，分离类似的在时域上叠加在一起的信号就可以通过频域信号实现，这是频分复用的理论基础。反之，在时域上完全分离的信号，在频域上可以完全重叠，可以通过不同的时间片将其分离，这是时分复用的理论基础。而时频信号互相转换遵循傅里叶变换的规则，深入理解傅里叶变换过程能够帮助我们理解实际工程中遇到的问题根因。

下面讨论 OFDM（正交频分复用）信号的频差问题。OFDM 系统的发射端会先将原始信息符号映射为频域符号，再转换为时域信号之后发射；接收端接收到时域信号，需要转换回频域符号，从而恢复出原始信息符号。发射端和接收端可能存在频差，使信号产生误差。对于 OFDM 信号频差的处理，应该在时域尽可能处理得比较精确。如果在时域处理后残留较大的频差，变换到频域后，对应的是采样点的偏移。如式（2-1）所示，$x_{\mathrm{r}}(t)$ 是有频差 Δf 的时域信号，转换为频域信号 $X_{\mathrm{r}}(f)$，采样点对应到频点 f 时，实际偏离了 Δf 位置，会引入符号间干扰。这样的干扰后续很难再处理。

$$X_{\mathrm{r}}(f) = \int_{t=-\infty}^{\infty} x_{\mathrm{r}}(t) \mathrm{e}^{-\mathrm{j}2\pi ft} \qquad (2\text{-}1)$$

其中，$x_r(t) = x_t(t) e^{-j2\pi\Delta ft}$；

$X_r(f) = X_t(f + \Delta f)$。

正因为如此，设计 OFDM 系统时，都会考虑频率间隔究竟设计多大的问题。例如，LTE 系统的频率间隔有 15kHz 和 7.5kHz 两种，WiMAX（全球微波接入互操作性）的频率间隔是 9.76kHz，McWiLL（多载波无线信息本地环路）的频率间隔是 7.8125kHz，CMMB（中国移动多媒体广播）系统的频率间隔是 2.44kHz。相对而言，CMMB 系统在频率校正上的要求会更高一点。但是，CMMB 的应用场景不是移动通信场景，频差产生的原因比较单一，主要是发射方和接收方的晶体振荡频率偏差，可以通过现代信号处理技术来满足 CMMB 系统要求的频率间隔精度。对于移动通信场景，产生频差的原因除了发射方和接收方的晶体振荡频率偏差，还有多普勒频移，系统设计的频率间隔稍大会更有利于减少码间干扰引入的错误。

接下来，我们讨论一下多普勒频移。

2012 年 7 月，我写了一篇日记记录了我对这个问题的理解。

昨天重新学习了一下多普勒频移的相关知识。在维基百科上对多普勒频移有很详细的解释。简单地说，多普勒频移就是当信号源与接收机之间有相对运动时，接收到的信号频率会随着接收机与信号源之间的相对速度的变化而发生变化。当信号源离接收机越来越近时，接收机接收到的信号频率越高于实际发送的频率；当信号源离接收机越来越远时，接收机接收到的信号频率越低于实际发送的频率。这个频率差就是多普勒频移。

我在阅读霍金的《时间简史》时发现，多普勒频移在科学家观察星球运动时也是很有用的。例如，科学家认为，无论从地球的哪个方向看去，所有的恒星都在远离，因为观察到它们的光都有红移现象。这个红移现象就是多普勒频移的一种。科学家由此推理得到宇宙一直在膨胀这个结论。红移现象能说明从观察者的角度看到被观察者在远离，但这并不一定是事实，因为观察者的视角本身就存在局限性，或者说，观察的维度本身可能就太低。对于宇宙是否一直在膨胀这个问题，我的理解也非常肤浅，且不是本书的讨论内容，不在此多言。

回到多普勒频移对无线通信的影响。这种频率上的变化，在无线信号中很容易理解，无线电接收机接收到的信号往往会留有一个低频率的包络，如图 2-1 所示，左图和右图分别对应信号的 I 分量和 Q 分量。从频谱上看，存在一个频偏。但是，这个低频率的包络，其实不仅包括多普勒频移，还包括收发双方本来就存在的频率差异。

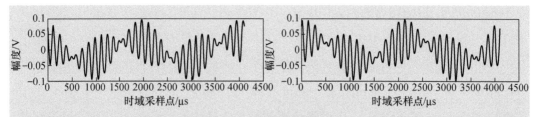

图 2-1　多普勒频移波形

比较容易忽视的一点是，这个频移还体现在基带信号的频率上，如体现在码分多址（CDMA）信号的码片速率上。例如，在 1GHz 的无线射频（RF）接收机接收到的信号上有 1kHz 的频偏，在 1MHz 的基带信号上，对应的还有 1Hz 的码片速率的变化。

通常，移动通信系统的终端只处理射频残留的 1kHz 的频偏，而不处理 1Hz 的码片时间偏差。因为在设计移动通信系统时，考虑无线信道的快速时变特征，无线帧的长度都设计得比较短，在几百微秒到几毫秒的数量级。在每个无线帧中都会设计参考信号，这些参考信号被用于估计信道变化和对基带时间同步的估计。于是，终端处理这些参考信号，对接收信号进行均衡，同时也调整本地接收的帧同步时间点。于是，在频域的同步上能看到对多普勒频移的处理，而在接收时间上不能看到明显的多普勒频移处理。事实上，这个时间偏差还是存在的。

另外，接收信号残留的频差、接收时钟帧同步的偏差都包括多普勒频移和收发双方时钟本身的偏差。但在处理的时候，不需要区别这两者，可以按照同样的方法对接收的信号进行修复。

但是，在 GPS 接收机算法设计中，多普勒频移对码片速率的影响就不可忽略了。因为 GPS 接收机的原理就是长时间的积分，一定要锁定码片和频率的相位。随着积分时间的变长，码片相位发生变化，多普勒频移就会超过理论数值（1.023Mbit/s）。另外，如果要用多普勒频移来计算码片速率，还需要考虑如何消除时钟本身的偏差。因为所有的 GPS 卫星都是基于原子钟同步的，可以认为它们的时钟是同一个，与本地接收机之间的偏差是同一个变量，而且基本是保持不变的，所以可以用接收到的某个 GPS 卫星信号计算得到的时钟偏差作为修订的参考基准，从而消除 GPS 接收机本身的时钟偏差。

如上所述，多普勒频移影响了时间和频率两个维度。在地面无线通信系统中，由于无线帧的长度一般较短，每一帧都会重新进行时间同步调整和频率偏差的估计，不需要对多普勒频移的影响进行特别的处理。但在 GPS 这样的卫星通信系统中，由于卫星的运动速度很快，且需要连续时间积分的信号处理，因此多普勒频移的影响就需要专门处理了。

2.2 相位：究竟是谁携带信息

相位这个概念很重要，需要单独讲一下。

在无线通信系统中，传输信号的载体是电磁波，其数学表达形式是复数形式，即实部 I 和虚部 Q。复数有幅度和相位两个维度，相位是其不可或缺的一个物理量。在通信过程中，相位与幅度一样，可以作为信息的载体。例如，在窄带通信系统中经常采用的 FSK（频移键控）、PSK（相移键控）等调制方式，在现代宽带通信系统中经常采用的 QAM（正交振幅调制，如 64QAM、128QAM）等，都通过相位携带信息。

在无线信号的传输过程中难免会受到多径影响。多径的影响，不仅仅会使幅度发生改变，相位同样也会改变。例如，两条信号传播路径经过不同的时延到达接收方，这时候两个信号叠加在一起，是两个矢量叠加，最终的相位是矢量叠加之后的结果。历史上著名的双缝实验，证明了光波的衍射效应，这个实验结果同样可以用在理解无线电波的多径效应上。无线电波也是波，有自己的波长，通过不同路径的同源波叠加在一起，会存在某些位置上的增强或削弱效应。

通常，通过信道估计观察已知参考信号相位的改变，可以估计出信号所经过的信道函数，然后对所有子载波上的信道进行均衡处理，从而得到发射信号的估计结果。这种信道估计和均衡处理方法在 OFDM 系统接收机里得到了普遍使用。如果只有一个子载波，如 FSK，也可以通过信道估计得到信道特征，包括多径的幅度和相位特征，从而对接收到的信号进行均衡而获得较好的发射信号估计。

相位是频率与时间的乘积，如式（2-2）。利用这三者之间的函数关系，可以根据其中两个已知量，求取第三个变量。例如，已知频率和相位，求取时间。这种方法在同步、测距等方面很有用。

$$\varphi = 2\pi ft \tag{2-2}$$

将式（2-2）用在时域同步上，可以根据参考信号在不同子载波上的相位变化得到对应不同频率的相位，从而得到不同的时间，用时间的平均值可以修订同步时钟的计数，完成时域同步。将式（2-2）用在频域同步上，可以根据参考序列在不同时间采样点上的相位变化，得到频率的平均值，用这个值可以修订振荡器的控制值。将式（2-2）用于测距，如果已知相位和频率，则可以得到时延的计算结果。通过用式（2-3）可以计算得到传输距离。

$$d = ct \qquad\qquad (2\text{-}3)$$

其中，c 是光速，也是电磁波的传播速度；d 是传输的距离；t 是传输的时间。理论虽然简单，但是应用到不同的系统中会有很多具体的工程问题。例如，发射机和接收机的本振时钟存在的偏差、采样时钟的误差、本振信号的相位噪声、接收链路和发射链路的时延，以及时变信道等，都会引入相位测量误差，因此在设计时就需要考虑能去除如上误差的信号，以及收发该信号需要遵循的协议和去除测量误差的算法。

在通信接收机的设计中，可以利用差分来解调，而相位的差分是其中一种很重要的解调方式。同时，如果能做到相位的同步，则能进行相干解调。如果是扩频信号并且能做到同相叠加，如 GPS 接收机，则可以获得更大的扩频增益。在后续的 3.2 节中有 GPS 信号相干解调的问题讨论，在此不赘述。

在由多天线构成天线阵的通信系统设计中，如图 2-2 所示，由于天线阵在空间上有接收时间点的差别，不同的天线在空间上天然存在的距离会引入相位差。利用这种天然的相位差可以构建通信信号，使得空间分布的信号在某个方向上得到增强，这就是发射分集、多输入多输出（MIMO）和智能天线的理论基础。

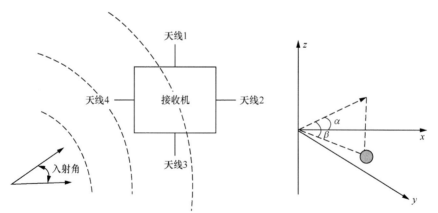

根据信号到达不同天线的时间差可以计算入射角，通过接收信号的相位差可以计算信号到达天线的时间差

图 2-2　天线阵测量相位示意

根据如上讨论可以发现，根据频率 f、时间 t 和相位 φ 这三者之间的关系，可以在不同的应用场景中从不同的角度看待问题，根据不同的已知量来推导未知量，从而实现不同的功能。

补充说明，相位虽然是可以测距的，但是在数字信号处理时得到的射频信号相位实际是 ADC（模/数转换）采样点对应的相位，这一点需要考虑。采样点间隔、采样点对应的时间偏差，这些因素在测量相位的计算中发挥的作用也需要纳入分析。只有在信号设计上采样点偏差消除，这样得到的测距结果才是准确的，否则将无法得到准确的测距结果。利用差分算法去除这些偏差的方法参见 3.8 节中的讨论。

2.3　调制：用合法的车作为载体传输

调制是通信原理中很重要的一部分内容。在学校学习调制、解调原理的时候，我主要是尝试记住和推导一堆数学公式，对于实际系统究竟是怎样的没有概念，也不知道调制在实际系统中究竟怎么用，直到经历了很多实际系统的设计开发工作，我才逐渐清晰其中的技术原理。

通信原理的调制分为幅度调制、频率调制、相位调制。幅度调制是线性调制，用载波的幅度和基带信号的线性对应关系来携带信息。频率调制和相位调制是非线性调制，用载波的频率和相位来携带信息。图 2-3 是我大学时对通信原理这部分内容所做的笔记。下面我们用几个实例将理论公式与实际系统联系起来。

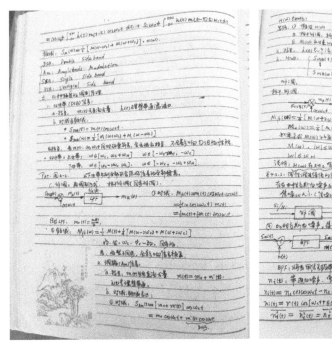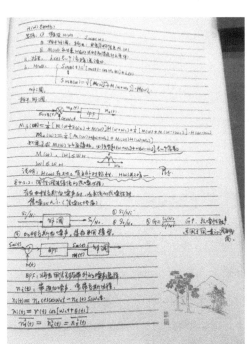

图 2-3　通信原理笔记

图 2-4 所示是广域网的终端 RF 芯片系统架构。

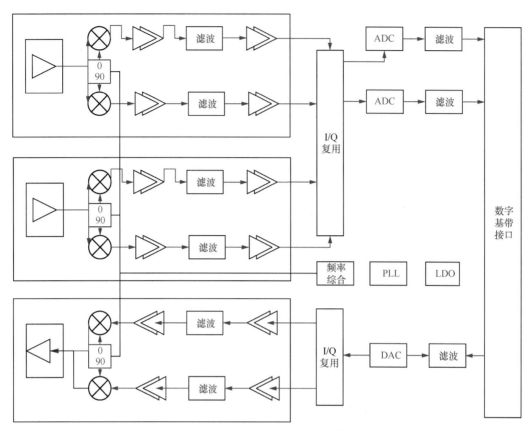

图2-4　广域网的终端 RF 芯片系统架构

在图 2-4 中，有两路接收电路和一路发射电路，这是非常经典的调制解调电路。先看发射电路，基带信号通过 DAC（数／模转换器）后生成模拟信号，然后输入 RF 的调制电路。调制电路有两个正交的分支，如图 2-4 中的小框有 0 和 90 的字样，表示 PLL（锁相环）输出的载波信号是正交的两路信号。这两路信号与解调公式对应，就是载波信号的表达式 $\cos(\omega_c t)$ 和 $j\sin(\omega_c t)$，基带信号对应公式里面的相位调制 $\varphi(t)$。下面以常用的四相移相键控（QPSK）调制为例说明整个调制过程。基带信号的星座图对应的是某个基带信号周期内这两路正交信号对应的基带信号的取值。如果此时原始信息是"11"，则对应的一路基带信号是"1"，另一路基带信号也是"1"。这两路"1"输入载波调制的两路正交分支，分别与 $\cos(\omega_c t)$ 和 $j\sin(\omega_c t)$ 相乘，则得到最终调制好的一个基带信号周期的信号 $\cos(\omega_c t) + j\sin(\omega_c t)$。下一个周期，原始信息变成了"00"，则对应的一路基带信号是"–1"，另外一路基带信号也是"–1"。经过如上过程，得到调制好的信号 $-\cos(\omega_c t) - j\sin(\omega_c t)$。以此类推，完整的调制过程由随时间变化而变化的基带信号与 RF 的载波正交分支分别相乘得到。可以类推更多相位的 16QAM、64QAM、128QAM 等，其过程和原理类似，星座点越多，意味着幅度取值也越多，因此可能形成更大的峰均比。基带信号周期的不同，决定了通信信号的传输速率不同。

再看图 2-4 中的接收电路，这是非常典型的两路接收电路。单看其中一路接收电路，与发射电路非常类似，也是两路正交的分支，分别与载波的正交分支 $\cos(\omega_c t)$ 和 $j\sin(\omega_c t)$ 相乘。通过相乘，可以分离出接收到的两路正交基带信号，然后在基带处理器中将在同一个时间点正交的两路基带信号对应到星座图上，从而得到原始信息。

从以上的过程来看，理论课上讲的调制过程在实际的系统电路中通过以下几个部分实现。

（1）振荡电路产生载波信号。

（2）通过 DAC 将基带信号转换为实际的物理电流量。

（3）通过混频电路进行调制。

（4）通过天线发射。

再看一个 FSK 的调制电路。图 2-5 是芯片 TI2640 的 RF 部分电路。其中，RF 调制采用 FSK 方式。采用 FSK 方式的调制电路没有上面 QAM 正交两路的复杂结构，只有一个数字 PLL 进行调制工作。

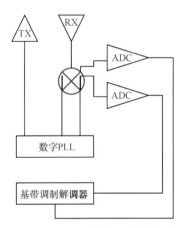

图 2-5　FSK 调制的 RF 电路架构

相位是频率随时间的积分结果，FSK 调制可以通过 PLL 的锁相随时间的积分结果控制得以实现。而解调的分支又回到了两个正交的分支，出现了实数分支（I）和复数分支（Q）两路 ADC 的分支，这是因为接收端接收到的相位信息与接收机载波本身并不是完全同步的。通过 I 和 Q 得到两路正交的信号可以更加准确地判断相位随时间的变化是正向的还是反向的，从而得到 FSK 调制的基带频率是正还是负，进而得到基带信息的解调输出。

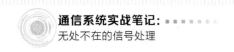

2.4 同步：普遍存在并非普遍理解

关于"同步"，在本小节分享一下我对它的理解。

同步是一个普遍存在的概念，每个人都有自己的理解，这里探讨一下从通信系统角度理解的同步。

首先探讨的问题是，如果任何两个系统之间没有通信，那么它们之间的关系是异步还是同步的呢？

答案是：异步的。

这就好比两个不相关的手表，无论它们多么高级、精确，在最初对准时间以后再过一段时间，它们的刻度一定会走出不同的时间点，除非它们不断地调整保持同步或者都与第三个相同的时钟源同步。

怎么样才能让两个独立的系统正确地进行同步通信呢？

简而言之，需要两个环节，首先在两个独立的系统之间建立同步，然后保持同步。下面先简述一些基本思想，然后以实际系统为例来具体阐述一些工程处理的细节。

2.4.1 建立同步

如图 2-6 所示，发射方（图 2-6 中的信号源）会周期性发射身份信号，接收方（图 2-6 中的远端接收机）会通过几个周期搜索而建立同步，后续按照这个周期保持同步。在进行通信系统的设计时，设计人员往往会设计一个导频信号，即发射方和接收方都已知的信号序列，放在每次发射的一个突发（Burst）里面的固定位置，或者每一帧的固定位置。导频信号存在的目的是让接收方能够与发射方同步，不仅是时间同步，还包括其他物理量的同步。以无线通信为例，无线通信主要有两个方面的同步，即频率同步和时间同步，此外需要同步的物理量还有空间和功率等。

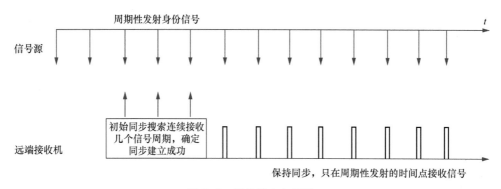

图 2-6 同步建立与保持

从工程实现上来说，我们经常用相关算法来进行同步捕获，即建立同步。在3.1节中有相关算法的详细讨论，此处提到的相关算法是基于快速傅里叶变换（FFT）实现的。尤其是在时域、频域两个维度同时进行同步时，FFT方法更有优势。FFT可以用频域的乘积代替时域的卷积，这个运算量在3.2节中有对比，降低了几个数量级。另外，FFT的乘积可以通过在频域选择不同的循环移位起点作为乘积对应点，这样可以获得频域粗同步的效果。根据FFT的原理可知，FFT在频域的基频 Δf 对应着时域数据采样的一个周期，频域的循环移位对应于时域信号乘以不同的频率偏移值，所以频域逐点循环移位后的运算相当于在基频的倍数频率上都运算了一遍，从而获得了频域的粗同步效果。图2-7展示了在GPS中应用FFT进行相关运算来搜索卫星的流程。在图2-7中，D0～D3070代表接收机接收到卫星发射信号的采样值，CA0～CA1022代表每个卫星对应的扩频码序列。在图2-7中，箭头上方采用的是时域相关的方式，箭头下方采用的是FFT进行相关运算的方式。可以看到，时域相关的方式通过对接收序列逐点移位后，与扩频码序列进行乘加运算得到结果。如果要对不同的频率偏移维度进行搜索，需要先对采样序列进行对应的频率旋转因子点乘运算，然后与扩频码序列进行乘加运算，这个过程的运算量非常大。而应用FFT进行相关运算的方式，可以获得一个有1024个时域采样点对应序列的1024个相关结果，相当于1024次时域相关的与扩频码序列的乘加运算结果。这里，可以将采样序列FFT之后的序列循环移位，再与扩频码的FFT序列进行点乘，然后IFFT（快速傅里叶逆变换）的结果就是采样数据在不同的频率旋转因子点乘运算后的相关结果。这个过程在2.4.3小节中有具体的举例描述，在此不赘述。如3.2节中的计算，这两种方法的运算量之比是527∶12，后者在时域、频域两个维度同时搜索同步的效率更有优势。

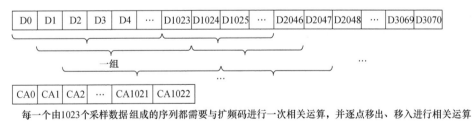

每一个由1023个采样数据组成的序列都需要与扩频码进行一次相关运算，并逐点移出、移入进行相关运算

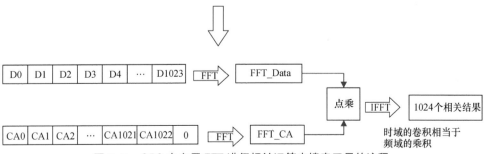

图2-7　GPS中应用FFT进行相关运算来搜索卫星的流程

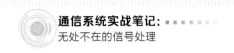

2.4.2　保持同步

建立同步之后就需要保持同步，保持同步的英文表达是 Tracking，即同步跟踪。两个异步的系统只有不停地跟踪才能保持同步。保持同步就是不停地检测那些已知信息的同步点位置，并不停地用检测得到的误差信息来调整自身系统的同步点位置，从而达到同步的目的。

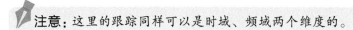
注意： 这里的跟踪同样可以是时域、频域两个维度的。

这里提到了误差信息，那么同步的精度到底如何计算呢？

如果一直保持同步，从长时间的积分效果来看，同步的精度等效于接收方同步算法的精度，以及工程实现中收发双方时钟可以调整的精度。

对于多级网络中的同步跟踪，其时钟校准的过程更为复杂，如第一级接收方跟踪第零级发射方的同步信号后又转发给第二级接收方，第二级接收方的跟踪精度是第一级接收方的跟踪精度和自身跟踪精度之和。如果它们一直保持同步，因为跟踪的误差是不会累积的，所以可以获得长时间的积分效果，此时总的跟踪精度还是两级跟踪精度之和。

2.4.3　实践案例

1. GPS接收机的案例

这是一个非常经典的例子。GPS 接收机的同步捕获是典型的在时域、频域两个维度同时进行的过程，通常使用 FFT 进行 GPS 的时频搜索同步。GPS 信号以 1ms 为扩频基础周期，截断 1ms 的信号，通过 FFT 将信号变换到频域后，频域采样点之间的频率间隔是 1kHz。此时，在频域希望能粗同步扫描 20kHz 的带宽，结合 2.4.1 节所述原理，需要在频域循环移位 20 次，分别与同样的 C/A 码序列 FFT 变换结果进行乘积运算，每次移位 1 个频率间隔，即 1kHz。然后将 20 次乘积运算的结果进行 IFFT 回到时域，得到相应的相关峰结果。这样的 FFT 运算过程同时完成了时域 1ms 的扫描和频域 20kHz 的扫描，是一种非常高效的运算。

2. LTE接收机的案例

任何通信系统的接收机在对信号进行同步之前一般需要先扫频，并调整到合适的接收增益，此时接收的基带信号落入可以正确进行信号处理的数值范围内，再开始寻找真正的时间和频率同步点，从而寻找到帧结构的边界。在扫频的过程中，根据接收机的接收带宽可以逐个寻找可能的频点，按照可接收的带宽（如5MHz、10MHz等）进行信号功率测量，如果功率高于一定的门限，再停留在此频点，反复调整接收增益直到接收到的基带信号幅度适合后续信号处理为止。整体过程大致相似，具体参数根据系统的特点来设计。一旦在某个频点上有比较确定的信号，并调整到合适的接收增益，就开始进行真正的同步信号处理。

　　LTE系统设计了主同步信号（PSS）、辅同步信号（SSS）、主信息块（MIB）。同步过程是先搜索PSS，然后搜索SSS，最后接收解调MIB，从而完成初始同步过程。如图2-8所示，图中的第一种帧结构（Frame Type1）和第二种帧结构（Frame Type2）稍微有所不同，但是它们的搜索同步原理是一样的，图中的centerF对应着该基站所使用频段的中间62个子载波。

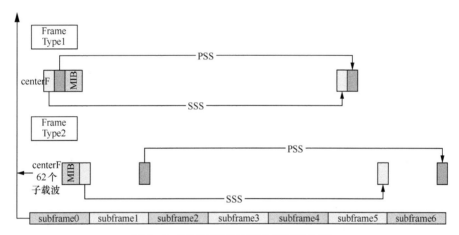

图2-8　LTE系统搜索同步的过程示意

　　以Frame Type2为例。PSS位于子帧1（subframe1）和子帧6（subframe6）的最后一个时域符号中间的62个子载波上。初始同步的时候，必须对所有信号进行PSS相关序列的搜索，直到找到一个PSS序列的时频位置。通过将一个时域符号变换到频域，再与本地构建的已知PSS序列进行相关可以得到相关值，滑动半个时域符号重复前一个动作，直到滑动窗覆盖时域连续的6个子帧后得到若干相关值，取其中的相关峰值，对应的位置即是PSS在时域对应的位置。一旦确定了PSS，此时并不知道它是subframe1的还是subframe6的，于是通过时域偏移固定的位置搜索SSS。SSS位于子帧0（subframe0）和子帧5（subframe5）的最后一个时域符号中间的62个子载波上。由于SSS的两个位置序列是不同的，因此用不同的序列相关得到结果可以判定是subframe0还是subframe5的位置。此时时域同步和频域同步都已经完成，接下来MIB的接收则可以直接在subframe0的位

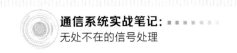

置进行，直到正确解调出 MIB 的信息，完成整个初始同步过程。

3. SCDMA接收机的案例

SCDMA 系统对同步的要求非常高。在参与其下行同步和上行同步的工程开发中，我第一次深刻地理解了同步的重要性。

SCDMA 系统是一个同步系统，基站依靠 GPS 定时，严格执行 5ms 接收、5ms 发送。终端根据接收的基站信号，寻找同步点，依据同步点位置调整自己的接收和发射时间点，以保持与基站的同步。终端跟踪同步时发现同步头的时间点在不断地变化，所以需要持续进行保持同步的运算并调整动作。引起同步点位置变化的主要因素有以下 3 个。

① 终端与基站之间相对距离的变化。

② 终端本地的定时基准晶体振荡器时钟与基站的定时基准 GPS 时钟之间存在偏差。

③ 由于多径的存在，搜索同步的算法计算得到的是被多径干扰后的同步点位置，存在误差。

终端同步调整就是针对这些情况进行误差的补偿，使终端与基站始终保持同步。而在实际情况中，因为终端的检测精度取决于自己本地时钟对信号进行采样的精度，所以可能存在时钟偏差检测不出来的情况。下面详细介绍终端与基站保持同步的方法及其中考虑的因素。

（1）终端定时基准晶体振荡器时钟与基站定时基准 GPS 时钟之间存在偏差，终端与基站保持同步的方法

从图 2-9 可以看出，终端利用本地定时基准晶体振荡器时钟来计数 10ms 的周期，基站根据定时基准 GPS 时钟来计数 10ms 的周期，两者存在固定偏差。终端实现 10ms 周期计时的方法：根据公式 $N=T_{10ms} \times f_{timer}$ 计算得到 N 值，然后硬件计数器（时钟计数器）每次计数 N 个时钟周期，对应 10ms 时长。其中，f_{timer} 是终端 DSP（数字信号处理器）中的计数器的计时频率。时钟源就来自 DSP 的定时基准晶体振荡器时钟，N 表示计数器对应 T_{10ms} 时长需要的计数个数。由于终端 DSP 的定时基准晶体振荡器时钟与基站定时基准 GPS 时钟之间存在偏差，初始计算得到的 N 需要根据实际测量结果进行修正。如图 2-9 所示，如果晶体振荡器误差足够大，在每个 10ms 周期内终端都能通过同步头偏差算法计算出存在偏差 *delta_sync*。终端在当前帧根据 *delta_sync* 修改本帧接收的结束点，确保从真正同步头开始到本帧结束点是一个完整的 10ms 周期。即 A 是上一帧 10ms 周期的结束点，同时是下一帧 10ms 周期的开始点，由于检测到 B 才是真正的下一帧的开始点，因此在第 2 帧修改起始点为 B 而不是 A，结束点是 C 点而不是 C′点。由于第 1 帧和第 2 帧的长度一致，因此 C 与 D 之间也存在 *delta_sync*，与 A 和 B 之间的 *delta_sync* 是一致的。

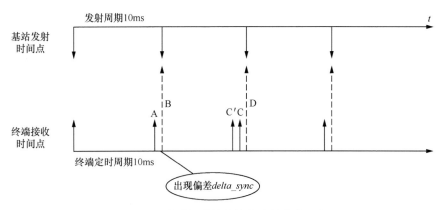

图 2-9　终端与基站保持同步的方法示意

实际情况是，*delta_sync* 必须大于终端的一个采样周期（如 610ns）才能被算法检测出来。如果 *delta_sync* 比较小，一帧的时间长度不足以累积到可以被算法检测出来，则这个误差不会立即得到调整与修正。这个误差会累积，数帧之后必然达到一个采样周期的时间长度，此时可以进行一次调整与修正，并记录作为计算晶体振荡器误差的依据。如图 2-10 所示，从第 2 帧开始由于 *delta_sync* 太小，没有被算法检测出来，因此该误差在这一帧没有得到调整与修正，会累积到下一帧，超过算法可以检测的精度后，将第 3 帧的起始点从 A 点调整到 B 点，则第 4 帧开始检测到的误差又回到了 *delta_sync*。

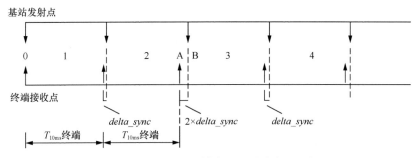

图 2-10　终端检测精度较低时的方法示意

对具体计算晶体振荡器误差的方法的简单描述如下。每帧都将 *delta_sync* 记录下来，数帧后取均值，如公式 $clockshift = (\sum_{M} delta\_sync) / M$，求取 *clockshift* 作为实际每帧应调整与修正的值，*N* 修正以后变成 *N'=N+clockshift*，此时认为 *N'* 对应的计时长度与基站根据 GPS 模块输出的参考标准秒时钟的计时长度之间的误差更小。注意，完全同步几乎是不可能的，只能是减小误差。

在终端软件实现中，如式（2-4），最初 *A* 帧的 10ms 周期用理论计算的 *N* 值作为定时器计数数值，*A* 帧以后，每帧都会根据历史计算得到的 *clockshift* 修正 *N'* 得到 *N'* 作为定时器计数数值，进行 10ms 周期的定时计数。由于 *N'* 依然与基站定时基准 GPS 时钟之间

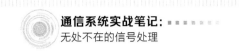

存在误差，其只是相对 N 的误差更小，算法会持续不断地计算 *clockshift*，并非仅仅依靠最初 A 帧的统计计算得到，即在超过 A 帧以后还需要不断修订。考虑 DSP 软件的实现中存在四舍五入的问题，具体 *clockshift* 的计算算法描述如式（2-4）。

$$clockshift = \begin{cases} 0, n \leqslant A \\ \left(\sum_{i=1}^{n-n\%A} delta\_sync(i) \times \dfrac{\text{ADDAC的采样周期}}{\text{时钟计数器的时钟周期}}\right) \times \dfrac{n\%A}{A} - \\ \left(\sum_{i=1}^{n-n\%A} delta\_sync(i) \times \dfrac{\text{ADDAC的采样周期}}{\text{时钟计数器的时钟周期}}\right) \times \dfrac{(n-1)\%A}{A} n>A \end{cases} \quad (2\text{-}4)$$

式（2-4）比较生涩难懂，关键在于理解，ADDAC（模数／数模转换器）的采样周期就是输入数据采样点之间可以识别的时间精度，时钟计数器的时钟周期是可以调整到的精度，这两个精度是不同的。例如，ADDAC 的采样周期是 610ns，采样频率为 1.639MHz，但是时钟计数器时钟周期的精度可以是 48MHz 时钟对应的 20.8ns。这两者存在很大的不同。初始 A 帧不进行调整，积累的误差平均到每一帧上再进行调整，有时一帧的可调整精度不到一个时钟精度，有时需要调整一个时钟精度，所以就出现了式（2-4）。注意，A 的选择与晶体振荡器原始的精度相关，不要太长，否则会导致初始偏差太大，尽量采用 2 的幂，这样比较方便计算。

（2）在移动距离变化和多径等其他因素的影响下，终端与基站保持同步的方法

移动距离变化和多径等其他因素导致同步检测结果 *delta_sync* 的变化与晶体振荡器误差不同，晶体振荡器误差使得 *delta_sync* 是一个有微小波动的常数，这个常数在一个终端上的表现是稳定的，即总是在一个方向上产生偏差，而其他因素导致 *delta_sync* 是一个均值为 0 的随机变化值。下面分别论述终端下行接收信号与基站保持同步和终端上行发射信号与基站保持同步的问题。

① 终端下行接收信号与基站保持同步

在前面的论述中提到"每一帧计算出 *delta_sync* 后，终端应在当前帧根据 *delta_sync* 修改本帧接收的结束点，确保从真正同步头开始到本帧结束点是一个完整的 10ms 周期"的方法。如果不考虑终端上行发射信号与基站保持同步的问题，则采用此方法就可以保持终端下行接收信号与基站同步，具体实现方法如下。如图 2-11 所示，终端将 10ms 分成两段，$T_1+T_2=10ms$，T_1 是固定长度，T_2 是可变长度；每帧的开始接收点故意提前一段时间，找到的同步点在以预计同步点为均值的一定范围内均匀随机分布。再根据找到的同步点调整 T_2 的长度，确保本帧结束点是下一个 10ms 周期提前预计接收长度的真正开始点。T_2 长度的调整方法：$T_2=$ 预计提前接收长度 $+delta\_sync$。如果使用一个硬件时钟计数器调整时间点，则可以使用这种方法实现同步跟踪。如果有专门的硬件电路支持在当前周期内调整这个周期，则可以不采用这种方法。直接设置硬件电路在当前周期内调整 *delta_sync* 的偏移值，达到调整当前周期结束点的目的。

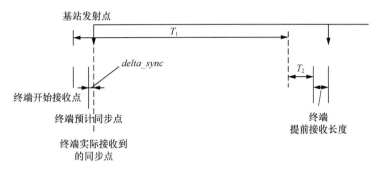

图 2-11　终端调整同步时间点的方法

② 终端上行发射信号与基站保持同步

· 基站闭环控制终端

终端在接入时，基站在一个比较大的范围内检测终端上行发射信号的同步，通过下发同步调整参数对终端上行发射同步进行闭环控制。在双向持续通信过程中，基站每帧检测到终端上行发射信号，通过下发同步调整参数对终端上行发射时间点进行闭环控制。同步调整参数可正可负，终端通过这个参数调整上行发射时间点，并保持接收时间点不变。基站闭环控制终端的同步发射方法如图 2-12 所示。

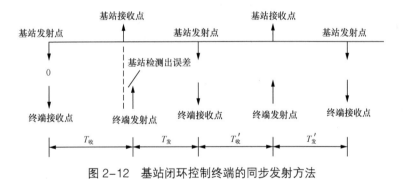

图 2-12　基站闭环控制终端的同步发射方法

$$T_{收}+T_{发}=T'_{收}+T'_{发}$$

如图 2-12 所示，基站接收检测信号，发现终端发射点偏离同步点，则在下一帧下发同步调整参数要求终端进行调整，终端根据接收到的同步调整参数在下一帧调整收发时隙的长度，确保发射点的位置变化，接收点的位置不变化。

在实际工程实现中，终端软件有 PR（接收准备）、RX（接收）、PT（发射准备）、TX（发射）4 个时隙。RX 和 TX 是固定长度，PR 和 PT 是可变长度，通过 PR 和 PT 可以达到同步调整的目的。终端接收到基站下发的发射同步调整参数 ss，根据可调整的力度乘以系

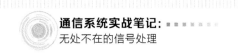
数 α，如式（2-5），计算发射时隙长度，达到"发射同步点的位置改变、接收同步点的位置不变"的目的。其中，系数 α 的作用是防止一次调整过量。

$$PT\ 时隙长度 = 原\ PT\ 时隙长度\ -\alpha\times ss,（0 < \alpha < 1）$$

$$PR\ 时隙长度 = 原\ PR\ 时隙长度\ +\alpha\times ss,（0 < \alpha < 1）\qquad（2-5）$$

· 终端检测到同步点的位置变化而进行调整

同样是 *delta_sync*，假设其中没有晶体振荡器误差信息，只有距离发生变化，前面介绍了如何保持接收点同步，那么如何保持发射点同步呢？

假设 *delta_sync* > 0，说明终端远离基站运动，发射点应提前，使用公式:PT 时隙长度 = 原 PT 时隙长度 $-\beta\times delta\_sync$，（0 < β < 1）修正发射点。

为保证接收点同步不改变，同样使用公式 PR 时隙长度 = 原 PR 时隙长度 $+\beta\times delta\_sync$，（0 < β < 1）修正接收点。

反之，如果 *delta_sync* < 0，则说明终端靠近基站运动，发射点应延后，其修正公式与上述公式一致。

以上两个因素——基站下发 ss 和终端检测 *delta_sync* 变化同时会对终端调整发射时间点起作用。α 和 β 的具体取值通过大量实验验证获得。

SCDMA 系统最关键的技术在于利用上下行链路的对称信道特征，通过估计上行链路的信道特征来进行智能天线的波束赋形，实现最大限度的系统容量提升，所以上行同步在这个系统中尤其重要。所有终端通过测量下行信号的时间偏差，结合基站测量上行信号进行发射时间点的调整，从而实现所有终端发送至基站的信号在时间点上的同步。具体的做法前面已经详细讨论了，此处不再重复介绍。补充一点，终端在长时间睡眠的过程中依靠芯片里面的低频率振荡器保持一个基准时钟，以便在周期性唤醒的时候能够正确接收到基站周期性发射的同步信号，并微调基准时钟以继续保持下行接收的同步。

时间是一个一维的物理量，一旦调整一次时间，时间轴就会发生改变，以后的调整要基于这个新的时间轴进行。就如同上述讨论 SCDMA 系统的上下行同步一样，终端在没有通信需求的时候保持下行同步，而每一次调整下行同步点，整个时间轴都会被调整。在实际工程实现中，用一个时钟计数器来进行下行和上行的统一调整。下行接收链路处理算法会根据信号相关峰得到同步点波动，根据这种波动，物理层、媒体接入控制层需要立即调整时钟计数器的当前时间点，这时候整个时间轴都会被调整。之后上行发射时间点的位置与本次接收同步点的相对位置是固定的，除非基站闭环控制终端指令有调整的需求。上行时间轴参考下行时间轴，不对下行时间轴产生影响。

SCDMA、GSM、LTE 的系统开发都采用软件定义无线电（SDR）技术来实现物理层信号处理。同步技术的工程实现在不同的芯片上采用了不同的方式。最初 SCDMA 系统采用德州仪器（TI）的 C54X 和 C55X 系列芯片，利用芯片内部的一个时钟计数器，通过调整时钟计数器来进行。这种方式比较复杂，也很容易出错。GSM 的基带芯片在 RF 接口电路模块中设计了单独的时钟计数器，可以调整当前时间值，也可以调整当前计数周期值，还可以设置一系列在预定时间点启动的事件，很好地满足了同步调整的需求。这项技术也被后续 LTE 的芯片继承了，是一个很好的 SDR 技术解决方案。

2.4.4　思路扩展

在电路设计中，收、发电路也有同步问题。发射信号的电路可以被看作发射方，接收信号的电路可以被看作接收方。接收方往往按照发射方提供的一个定时基准时钟来工作。其具体的工作过程是：接收方用一个更高频率的时钟采样发射方提供的基准时钟，只在采样到发射方时钟信号的变化时输出翻转信号，从而实现与发射方的时钟同步，这也是前述跟踪的过程。

在此需要补充的一点是，在同一个系统中既有语音处理又有无线通信处理时，语音处理和无线通信处理的过程也存在同步的问题。无线通信系统有自己的帧结构，如 SCDMA 系统的帧结构是 5ms 接收时隙加 5ms 发送时隙构成一个完整的帧周期，而且这个帧结构的定时与基站定时基准 GPS 时钟保持同步，而终端的语音接口是根据终端 DSP 的时钟来采集语音信号的。终端 DSP 的时钟和基站定时基准 GPS 时钟存在偏差。理论上，语音采集 10ms 的数据，根据 8kHz 的采样率，每 10ms 有 80 个采样值，但是有的时候可能出现 79 个采样值（如果 DSP 采样时钟比较慢）或者 81 个采样值（如果 DSP 采样时钟比较快）。但是，每个 10ms（周期）对应的无线帧必须有语音包的收发，所以对应的每个无线帧时长必须处理收发的语音数据，这也属于同步的问题。比较简单的处理方式就是，对于采样点少的语音帧，用最后的样点填充保持连续性；而对于采样点多的语音帧，采样点则直接被丢弃。这是一个很小的工程处理，但是必须理解其中的原理，并给予正确的处理方式，否则会引入语音质量问题。

这两年，在面对高度密集的超低功耗无线设备通信场景时，重新整理对通信系统的理解，并结合这个场景需求，我设计了一个同步系统。在思考如何能在快速通信的同时又极大限度地保持低功耗问题时，我对同步通信系统又有了新的认识。异步通信的系统，设计和实现会比较简单，有着能快速推向市场的优势。但是，异步通信双方在建立一次通信的最初阶段都需要付出很大的代价来建立通信双方的时间同步关系，因为不同步就无法通信。在同步通信系统中，只有终端有可能以非常低的功耗保持与系统的同步，能够快速地被网络寻址到，在兼顾低功耗和较好的实时性方面取得平衡。尤其是蜂窝网络，

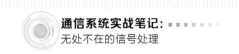

如果基站之间能够同步，就能够有效地避免信号的干扰问题，也能够比较好地设计系统信号，使终端更快捷地跟踪不同基站的信号变化，在低功耗和实时性要求之间找到平衡点。如此，一个同步通信系统才能充分显示出优势。

2.5　功率控制：容易被忽视的维度

从 GSM、CDMA 到 OFDM 通信系统，功率控制都是一个至关重要的话题。

在通信系统中，时间、频率、码字是资源，相应地有 TDMA（时分多址）、FDMA（频分多址）和 CDMA（码分多址），以及混合的 OFDMA（正交频分多址）几种多址方式。空间也是资源，通常空分多址在多址方式之上的更大范畴内起作用。智能天线技术让空分有了更加精确的维度，但是通信系统设计通常不会真的采用空分多址的方式。在此想重点讨论的一点——功率也是资源。功率控制之所以在通信系统中非常重要，重要原因有以下两个。

（1）从个体通信的角度来看，如果通信双方接收到对方的功率过低，就不能正确地解析通信内容，因此也就无法持续通信；如果接收功率过高，超过接收器件的线性工作范围，通信内容就不能被正确接收。

（2）从群体通信的角度来看，不同的通信双方在通信时会受到同一个时空内的同频率的其他通信方的干扰，如果功率不能被很好地控制，则所有通信参与者的通信质量都会受到影响，甚至无法进行正常通信。

上述提到的第一个原因，主要是受限于实际接收机的器件能承受的动态范围。"功率过低不能通信"的问题比较容易理解。因为如果没有达到接收机的灵敏度，接收机的器件就没有办法把淹没在噪声中的微弱信号提取出来，从而完成信息接收。"功率过高不能通信"可能理解起来稍微困难一点，事实上，接收机的器件对于太大的信号会产生削顶甚至反相现象，信号严重畸变，相当于引入了新的噪声，接收机同样无法清除噪声带来的不利影响而完成通信。如此，通信双方需要有一个机制能够进行功率控制。在无线通信系统中，一般基站为主要的功率控制者，终端主要跟随基站的指令完成通信。

在终端与基站建立一次通信连接之前，终端的发射功率是不受基站控制的。此时，终端根据接收到的基站的信号强度，以及从解析出的信息中获得的基站发射信号功率，估算整体链路的损耗。在初次接入基站时，终端利用计算的链路损耗来确定自己发射功率的合适值，如式（2-6），UE 是终端，BTS 是基站。终端可以从接收到的信息中得到基站的发射功率，然后分析信号得到自己的接收功率，从而计算出链路损耗（pathloss）。终端使用的开环功率即通过基站接收需要的灵敏度功率加上链路损耗获得，如式（2-7）。

$$\text{pathloss} = \text{TX}_{\text{power of BTS}} - \text{RX}_{\text{power of UE}} \qquad (2\text{-}6)$$

$$\text{TX}_{\text{power of UE}} = \text{RX}_{\text{sensitivity of BTS}} + \text{pathloss} \qquad (2\text{-}7)$$

一旦终端与基站建立了通信连接，终端的发射功率就持续地受基站的闭环控制。如果只有两者之间发生通信，则闭环功率控制只需稳定维持双方的通信质量。下面对闭环功率控制存在的时延问题进行简单讨论。

如表 2-1 所示，终端在接收到基站的功率控制指令后，需要延迟到下一帧信号发射时才能起作用。基站不能将当前接收到的信号马上对应到已经进行的调整结果上，需要延迟对应，否则基站对终端发射功率的调整可能会一直处于震荡的状态，无法收敛。

表 2-1　功率控制方法

项目	基站下行	基站上行	终端上行	终端下行
帧 1		接收终端帧 1 信号	以 0dBm 发射终端帧 1 信号	
帧 2		处理终端帧 1 信号		
帧 3	发射帧 3 信号，控制终端 +1dB 发射功率（期待终端以 1dBm 发射信号）			接收基站帧 3 信号
帧 4				处理基站帧 3 信号，得到 +1dB 指令
帧 5		接收终端帧 5 信号	以 1dBm 发射终端帧 5 信号	
帧 6		处理终端帧 5 信号		
帧 7	发射帧 7 信号，控制终端 +0dB 发射功率（期待终端以 1dBm 发射信号）			接收基站帧 7 信号
帧 8				处理基站帧 7 信号，得到 +0dB 指令

如表 2-2 所示，基站一直持续不断地对接收的信号进行功率控制，没有延迟处理，这样的功率调整就会持续出现偏差，一直不稳定。

表 2-2　闭环功率控制延迟问题

项目	基站下行	基站上行	终端上行	终端下行
帧 1		接收终端帧 1 信号	以 0dBm 发射终端帧 1 信号	
帧 2		处理终端帧 1 信号	以 0dBm 发射终端帧 2 信号	
帧 3	发射帧 3 信号，控制终端 +1dB 发射功率（期待终端以 1dBm 发射信号）	处理终端帧 2 信号	以 0dBm 发射终端帧 3 信号	接收基站帧 3 信号
帧 4	发射帧 4 信号，控制终端 +1dB 发射功率（期待终端以 1dBm 发射信号）	处理终端帧 3 信号		处理基站帧 3 信号，得到 +1dB 指令

续表

项目	基站下行	基站上行	终端上行	终端下行
帧 5	发射帧 5 信号，控制终端 +1dB 发射功率（期待终端以 1dBm 发射信号）	接收终端帧 5 信号	以 1dBm 发射终端帧 5 信号	处理基站帧 4 信号，得到 +1dB 指令
帧 6		处理终端帧 5 信号	以 2dBm 发射终端帧 6 信号	处理基站帧 5 信号，得到 +1dB 指令
帧 7	发射帧 7 信号，控制终端 +0dB 发射功率（期待终端以 1dBm 发射信号）	处理终端帧 6 信号	以 3dBm 发射终端帧 7 信号	接收基站帧 7 信号
帧 8	发射帧 8 信号，控制终端 −1dB 发射功率（期待终端以 1dBm 发射信号）	处理终端帧 7 信号		处理基站帧 7 信号，得到 +0dB 指令
帧 9	发射帧 9 信号，控制终端 −2dB 发射功率（期待终端以 1dBm 发射信号）		以 3dBm 发射终端帧 9 信号	

上述关于群体通信中的功率控制，是多个终端同时与一个基站通信时，建立了连接后的闭环功率控制过程。下面两个案例具体说明不同的系统中群体功率控制的重要性。

2.5.1 CDMA 功率控制案例

在 CDMA 系统中，闭环功率控制尤其重要。因为 CDMA 信号在时域、频域都叠加在一起，如果同时与基站通信的终端到达的功率不一致，整个系统可能无法正常通信了。

图 2-13 中的第 1 行，左边是 4 路 Walsh 码扩频信号叠加在一起的时域信号，这 4 路信号的功率相等，右边是接收端用 Walsh 码分别解扩 4 路信号的卷积结果，可以看到，4 路信号相关峰都很明显。第 2 行是其中两路 Walsh 码扩频信号功率扩大 1 倍，第 3 行是其中两路 Walsh 码扩频信号功率扩大 2 倍，第 4 行是其中两路 Walson 码扩频信号功率扩大 3 倍。从右边的图可以看到，功率扩大的两路 Walsh 码扩频信号，黑色实线和浅色实线的相关峰依然很清晰，但是功率保持不变的两路 Walsh 码扩频信号，虚线和点划线的相关峰则被压抑得不容易分辨，可以预测，虚线和点划线表示的信号很难被正确解析。图 2-13 比较直观地说明了 CDMA 信号功率控制的重要性。

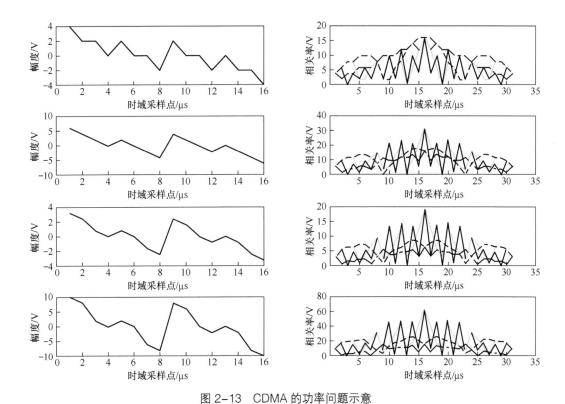

图 2-13 CDMA 的功率问题示意

2.5.2 OFDMA 功率控制案例

在 OFDMA 系统中，不同终端的信号在频域是分离的，但在时域是叠加的，OFDMA 系统对于功率控制精度的要求没有 CDMA 系统高，但是功率控制对于系统整体的吞吐量的影响也很关键。

图 2-14 的左边是 OFDM 时域信号波形，右边是 OFDM 频域信号波形。从上往下，第 1 行 4 路信号的功率相同，其比例为 1∶1∶1∶1，第 2 行 4 路信号的功率比例为 1∶2∶4∶1，第 3 行 4 路信号的功率比例为 1∶4∶8∶1，第 4 行 4 路信号的功率比例为 1∶6∶12∶1，从频域信号能明显看到 4 路信号的功率差别，时域信号表现出的峰均比也越来越大。峰均比越大，功率差别越大，对接收机的动态范围要求就越高。如果接收机的动态范围不够，则大信号会出现畸变，小信号会被丢弃，这样多用户的信号就不能得到很好的处理。这也是 OFDMA 信号对多用户功率控制要求比较均衡的原因。

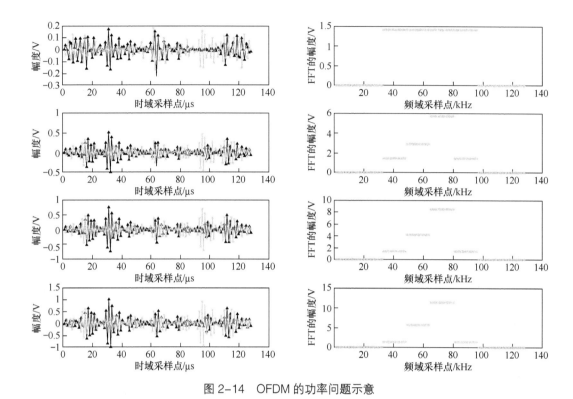

图 2-14　OFDM 的功率问题示意

2.6　校准：给你一个可以信任的基石

校准是什么？为什么需要进行校准？如何进行校准？

校准在实际工程中是很重要的环节，也是不可缺失的环节。

以时钟校准为例，从时钟的准确性开始讨论。前面提到，通信双方要保持同步，只有时间、频率、功率等多个方面均同步才能进行通信。但是每个通信的终端和基站都有自己的时钟源，这个器件的材料在物理形态、尺寸、密度等方面都会存在差异，对于外界条件的变化也存在不一样的反应误差。为了满足通信的需求，需要通过校准让每个个体在各种不同的外界条件下都能表现一致，也需要通过校准让多个个体在同样的外界条件下表现一致，或者通过校准让多个个体能协调一致地共同达到某个条件。

2.6.1　案例 1：一个个体在不断变化的外界条件下要表现一致需要校准

例如，时钟随温度的变化会产生不一样的反应误差，需要通过校准使其表现一致。

反应误差产生的原因如前所述，晶体的器件物理特性不同，温度不同，会表现出不同的谐振频率。在工程上通过在不同的温度条件下测试晶体在电路板上与振荡电路一起达到稳定频率之后的频率值，获得随温度变化而变化的频率值曲线。将此频率值曲线存入控制器中，控制器根据工作时测量到的温度找到该频率值曲线对应的补偿修正点控制振荡电路工作，最终得到校准之后的时钟频率。再例如，发射信号功率随温度的变化而变化，需要通过校准使其表现稳定，它的校准方法类似时钟，也是预先测试并存储补偿曲线，从而得到校准后更加精准的功率控制。

2.6.2　案例 2：多个个体在同样的外界条件下尽量表现一致需要校准

多个个体的时钟校准包括两个方面，一个是个体内部自己的不同器件之间互相校准，另一个是个体与外界的某个校准源进行校准。例如，一个个体内部可能存在两个时钟源，一个快，一个慢。通常快时钟源的精度较高、误差抖动小；慢时钟源的精度较低、误差抖动大。我们可以设计单独的电路，使用快时钟源对慢时钟源进行校准，补偿其精度损失，这样可以低成本实现高精度的工作机制。如图 2-15 所示，快时钟与慢时钟同时对某段时间进行计数，然后换算得到每个慢时钟周期对应的快时钟周期个数。这里在进行换算时，需要考虑除法之后小数的位数，位数越多精度就越高。这样的时钟精度校准，被校准的慢时钟可能会被使用在快时钟停止的时间段，如芯片进入深睡眠阶段。但是深睡眠阶段的精确度不仅仅与慢时钟的精度相关，还与其他几个因素相关，具体如下。

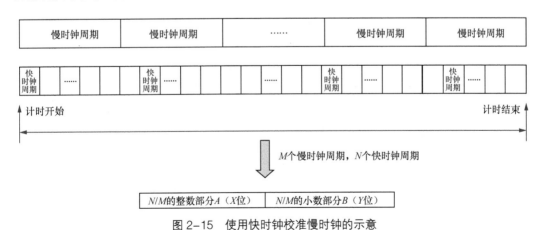

图 2-15　使用快时钟校准慢时钟的示意

① 启动深睡眠的起点往往不在一个慢时钟的时钟边缘，存在定时不足一个慢时钟周期的部分，需要考虑补齐。

② 启动深睡眠有软件启动和硬件启动两种方式，采用软件启动方式需要考虑软件设

置到硬件电路响应进入深睡眠过程的时间开销，采用硬件启动方式需要考虑启动电路和睡眠控制电路之间握手信号的时间开销。

③ 深睡眠期间，计时基于慢时钟，但是每一个慢时钟增加的计数值是图 2-15 中 *N/M* 个周期的，所以能达到校准的快时钟精度。

④ 从深睡眠状态转换到正常系统工作状态的中间步骤的时间抖动，如系统复位、系统主时钟的晶体振荡器源稳定、软件初始化过程等的定时抖动。

这些因素都会影响到深睡眠定时的精度，这一点在无线终端芯片中一直都很重要。

2.6.3　案例 3：多个个体能协调一致地共同满足某个条件需要校准

这个案例综合了前两种情况，比较典型的例子是智能天线，那么智能天线究竟是如何实现波束赋形的。首先需要理解。电磁波是一种波，传播有时延、波的相位变化过程。智能天线的多根天线在空间中构成一个天线阵，在它们共同发射某个信号的时候，不同天线发射的信号传播到空间中的任意一个点都有其波的特征。多个发射源发射的信号经过不同路径传播，在某个方向上形成同相叠加，则此方向是赋形的增益最大方向，此时必然也会在其他方向存在反向叠加，则此方向是赋形的增益最小方向。由此可见，在发射信号的时候，多根天线是协调一致地达成这个相位在空间上的赋形效果。多根天线在物理上存在很多影响其发射相位关系的因素。为了能精确控制它们之间的相位关系，也需要经常对其相位关系进行校准。这里的校准方法，可能需要借助单独的一根天线来发射信号，根据天线阵的几根天线同时接收信号时不同的相位差来得到校准值。

这里比较简单地描述了校准的目的、方法。举的例子大多是通信终端中的常见情况。在其他领域，如测量，也经常会用到类似的方法，而且是针对不同的物理量，大都可以类推理解。

2.7　实时性：不可延迟

对于实时性，大家可以从多个角度去理解，本书从语音信号处理的实时性、无线信号处理的实时性的角度进行探讨，并列举几个系统的工程案例进行说明。

2.7.1　案例 1：语音信号处理的实时性

数字信号处理是将模拟信号数字化之后，用数字信号序列运算的方法进行处理。将模拟信号数字化的第一步是采样,这里从另外一个角度来理解采样。采样使信号变得离散,采样点之间存在间隙,正好在这些间隙可以进行信号处理。归纳为实时性就是要在两个离散信号的间隙处理完一个采样信号。在实际工程中,通常由一串相邻采样值构成一帧,以帧为单位进行处理。比如,语音信号采样率通常为 8kHz,每 20ms 有 160 个采样值作为一帧来处理,必须在下一个时间长度为 20ms 的帧接收完之前处理前一帧的信息方能满足实时处理的性能要求。平均下来,就是要在 125μs 的间隙内处理完一个采样值。

如图 2-16 所示,虚线代表麦克风输入的语音信号,细实线代表需要从扬声器输出的语音信号。粗实线的方波每 20ms 翻转一次,在每次翻转的时间片之内,声码器(语音信号处理算法)必须完成一次编码和解码运算,先处理完从麦克风输入的前一个 20ms 的数据编码,再处理完从通信接口(可能是无线接口、有线接口等)接收到的语音包解码。只有这样,整个语音流才能很流畅地在通信双方间传递。这里描述的在规定时间片内必须完成所有的算法处理就是实时性的要求。

通信系统中的实时性是语音信号处理中需要考虑的一个因素,一般还会叠加其他多个模块的因素。后续我将结合 GSM 和 LTE 系统的实际案例来说明这个问题。

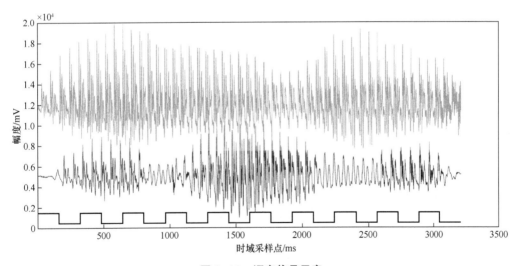

图 2-16　语音信号示意

2.7.2　案例 2：GSM 的实时性

GSM 的物理层信号一帧的时间长度是 4.615ms,需要在这个时间内处理完一帧的数据。由于数据并不占满所有的时间片(GSM 的一帧内均匀分为 8 个时隙,一个用户数据一般占 1 个时隙或者几个时隙,并不占满所有的时隙),因此实时性要求是低于一个采样周期内每个样值的处理时间的。但 GSM 的增强版本 EDGE（增强型数据速率 GSM 演进）要求下行 8 个接收时隙都要处理接收到的数据，且数据处理时长必须小于 8 个接收时隙长度。另外，GSM 物理层信号处理的不仅仅是符号级的均衡，还有比特级的解码等，叠加在一起就需要考虑更加复杂的因素，这个在后面讨论。通信是双方的事情，在规定的时间内处理完相关信息并反馈相关信息则是一个双向的实时性问题。

下面结合图 2-17 分析 GSM 的实时性要求。图中每一行对应一个无线帧（第 0 帧～第 4 帧）的时间长度，每一个无线帧对应 8 个时隙。

（1）接收链路信号均衡的实时性要求。从 1 个时隙的角度来看，如果是 1 个时隙的接收任务，则在 1 个时隙的时间内处理完 1 个时隙信号的均衡即可；从 1 个无线帧的角度来看，如果是 4 个时隙的接收任务，则在 1 个无线帧的时间内处理完 4 个时隙的数据均衡即可。

（2）接收链路解码的实时性要求。对于 4 个时隙的接收任务，则在 1 个无线帧的时间内处理完 4 个时隙（1 个块）的数据即可。

图 2-17 中展示了两种不同设计的实现要求第一种设计是在 4 个时隙的时间内完成 1 个块的解码处理，1 个块是将 4 个无线帧对应的同一个时隙位置的数据连接起来；第二种设计是在 1 个无线帧的时间完成 1 个块的解码处理。显然第二种设计的要求比第一种设计要低，对应软件模块的调度机制会有所不同。

第0帧										
	接收时隙1	接收时隙2	接收时隙3	接收时隙4						
		均衡时隙1	均衡时隙2	均衡时隙3	均衡时隙4					
第1帧										
	接收时隙1	接收时隙2	接收时隙3	接收时隙4						
		均衡时隙1	均衡时隙2	均衡时隙3	均衡时隙4					
第2帧										
	接收时隙1	接收时隙2	接收时隙3	接收时隙4						
		均衡时隙1	均衡时隙2	均衡时隙3	均衡时隙4					
第3帧										
	接收时隙1	接收时隙2	接收时隙3	接收时隙4						
		均衡时隙1	均衡时隙2	均衡时隙3	均衡时隙4					
		解码块1								
	获得USF		1	2	3	4		5	6	
第4帧										
	接收时隙1	接收时隙2	接收时隙3	接收时隙4			发射时隙1			
		均衡时隙1	均衡时隙2	均衡时隙3	均衡时隙4		发射块1			
		解码块2								
	7	8	9	10	11					

图 2-17　GSM 的实时性问题示意

发射的时序受接收的消息内容的调度,有了反馈支路的实时性要求后,需要结合接收和发射链路消息处理时序进行 GSM 系统设计。根据 USF(GSM 系统中的上行资源的调度消息)在帧结构中的位置可知,必须在完成均衡和解码之后才可以解析出 USF 来,即需要在 11 个时隙的时间内完成接收 1 个块的均衡、解码及上行数据准备。也就是说,GSM/GPRS/EDGE 系统在 4 个接收时隙的实时性要求为:在均衡(图 2-7 中均衡)和解码(图 2-17 中解码)处理完成后获得 USF 的时间点基本满足最为苛刻的发射配置时间点要求。

实际系统工程设计会比此设计要求更加严苛,以确保整个系统的实时性要求得到满足。

2.7.3 案例 3:时分 LTE(TD-LTE)实时性

TD-LTE 的下行链路和上行链路处理及小区搜索的算法模块如图 2-18 所示。

下行链路	符号处理	FFT		小区搜索	功率调整
	信道估计	RS信道估计			PSS处理
		干扰去除			SSS处理
		时频同步			MIB解析
		频域信道处理			
		时域信道处理		PUSCH/PUCCH	IFFT
	测量	CQI/PM/RI			比特级处理
		频段内外干扰测量			DFT
	MIMO均衡	SFBC均衡			资源分配
		SM/CDD均衡			增益调整
		单端口均衡			
	PDCCH检测	公共空间检测		PRACH	Format 0～Format 3
		UE空间检测			Format 4
数据块	处理	速率匹配			
		Turbo解码			

图 2-18　TD-LTE 的下行链路和上行链路处理及小区搜索的算法模块

TD-LTE 的下行链路接收到的信号首先经过 FFT 运算变换到频域,然后进行信道估计、测量、MIMO 均衡、物理下行控制信道检测(PDCCH 检测),再进行数据流的速率匹配和

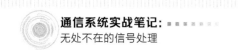

Turbo 解码。信道估计细分为以下几个算法，分别为参考信号信道估计（RS 信道估计）、干扰去除、时频同步、频域信道处理、时域信道处理。测量包括对 CQI（信道质量提示）、PMI（预编码矩阵指示符）RI（秩指示）参数的测量，以及频段内和频段外的干扰测量。

TD-LTE 的上行链路处理包括物理随机接入信道（PRACH）[有几种不同格式（Format0 ~ Format3，Format4）的处理]、物理上行链路控制信道（PUCCH）和物理上行共享信道（PUSCH）的处理，包括增益调整、资源分配、离散傅里叶变换（DFT）、比特级处理、快速傅里叶逆变换（IFFT）。

小区搜索算法包括功率调整、PSS 处理、SSS 处理、MIB 解析。

如图 2-19 所示，LTE 系统的下行链路需要满足下行时序的要求，上行链路也需要满足上行时序的要求，上下行链路同时还需要满足 HARQ（混合自动重传请求）的实时性要求。其中，空中接口行对应时隙（Subframe 序号列）传输的信号内容，终端行对应终端在对应时隙进行的处理，基站行对应基站侧在对应时隙进行的处理。下行 HARQ 过程的 3 行对应下行 HARQ 过程的时序要求，上行 HARQ 过程对应上行 HARQ 过程的时序要求。

LTE 协议规定的最短的 HARQ 反馈是 4ms，如图 2-19 所示，除去接收本身的子帧，还有 3ms 时间，在这个时间内能处理多大的数据量则对应着整个系统的一个流量。这也是 LTE 的终端软件最关键的实时性要求。

子帧	子帧N	子帧N+1	子帧N+2	子帧N+3	子帧N+4	子帧N+5	子帧N+6	子帧N+7	子帧N+8	
空中接口	PDSCH				PUCCH				PDSCH	下行HARQ过程
终端		终端处理下行数据								
基站						基站接收到ACK/NAK,处理下行数据				
空中接口	PUSCH				PDCCH				PUSCH	上行HARQ过程
终端						UE接收到ACK/NAK,处理上行数据				
基站		基站处理上行数据								

图 2-19　LTE 系统的反馈信号实时性问题示意

为了精确调试所有算法的完成时间以达到系统的要求，通过图 2-20 展示了整个链路信号处理需要满足的严格时序要求。在下行子帧 0（DL SF0）中，接收机接收到每个符号（Sym0 ~ Sym13）的信号后，多个矢量处理器根据分配的功能不同，以及 LTE 系统规定的每个符号携带的信息之间的关系进行流水线并行调度。由于下行子帧 0 的信号未处理完成，下行子帧 1 不得不延后处理。同时，上行子帧 2 到来之前，发射信号需要至少准备好两个符号。整体 LTE 的信号处理时序还是比较复杂的，此图并未完整地展示所有可能的情况。不同的上下行配置、不同的特殊子帧长度、不同的 PDCCH 占用符号数目、不同的 MIMO 模式等，都会影响到时序的调度。

在图 2-20 中，CFI 是控制格式指示，DCI 是下行链路控制指示，CB0 ~ CB3 是下行的几个控制块，SF0_Turbo 是子帧 0 的解码处理。比特级包处理是指上行数据包的处理。每一行对应时间轴上的一个时隙，每一列对应每一个功能模块所进行的操作。

LTE 系统是为较大的数据流量场景设计的通信系统，具体的实现方案可以采用专用硬件电路架构分别处理图 2-20 中各个阶段的算法，也可以采用 SDR 的可编程电路架构来实现图 2-20 中各个阶段的算法。在 SDR 的解决方案中，需要根据每个算法模块的运行效率来设计不同的可编程处理单元，在整个处理流程的流水线上，不同的算法模块能够在不同的处理单元上得到并行处理，并合理设计这些模块之间的通信与调度关系，满足最大系统吞吐量和最小系统吞吐量的需求。图 2-20 还展示了 LTE 系统中各个模块之间的时序关系。这个设计结合了算法评估、流程调度等几个方面的内容，并通过不断迭代调整而达到最优的设计，最终满足了整个 LTE 系统的实时性要求。

	DMA	RX_FFT	信道估计	MIMO	PDCCH/PCFICH	Turbo	TX_Bit	PUSCH/PUCCH	TX_DMA
子帧0下行	sym0								
	sym1	sym0							
	sym2	sym1	sym0						
	sym3	sym2							
	sym4	sym3							
	sym5	sym4							
	sym6	sym5	sym4	sym0					
	sym7	sym6			CFI				
	sym8	sym7							
	sym9	sym8	sym1						
	sym10	sym9	sym2	sym1					
	sym11	sym10	sym3	sym2					
	sym12	sym11	sym7		DC1				
	sym13	sym12							
子帧1特殊子帧	sym0	sym13							
	sym1	sym0	sym11						
	sym2	sym1							
	sym3	sym2							
	sym4	sym3	sym4	sym3	GB0				
	sym5	sym4	sym5	sym4			比特级包处理		
	sym6	sym5	sym6	sym5					
	sym7	sym6	sym8	sym6	GB1				
	sym8	sym7	sym9	sym7					
	sym9	sym8	sym10	sym8					
		sym9	sym12	sym9	GB2				
			sym13	sym10					
			sym0	sym11	GB3			sym0	
				sym12		SF0_Turbo		sym1	

图 2-20　LTE 系统下行链路处理实时性问题示意

	DMA	RX_FFT	信道估计	MIMO	PDCCH/PCFICH	Turbo	TX_Bit	PUSCH/PUCCH	TX_DMA
	sym4	sym3	sym4	sym3	GB0				
	sym5	sym4	sym5	sym4			比特级包处理		
	sym6	sym5	sym6	sym5					
	sym7	sym6	sym8	sym6	GB1				
	sym8	sym7	sym9	sym7					
	sym9	sym8	sym10	sym8					
		sym9	sym12	sym9	GB2				
			sym13	sym10					
			sym0	sym11	GB3			sym0	
				sym12		SF0_Turbo		sym1	
子帧2 上行	sym0			sym13				sym2	sym0
	sym1	sym4	sym0					sym3	sym1
	sym2				CFI			sym4	sym2
	sym3							sym5	sym3
	sym4	sym1						sym6	sym4
	sym5	sym2	sym1					sym7	sym5
	sym6	sym7	sym2		DC1			sym8	sym6
	sym7							sym9	sym7
	sym8	sym3	sym3					sym10	sym8
	sym9	sym4						sym11	sym9
	sym10	sym5	sym4					sym12	sym10
	sym11	sym6	sym5					sym13	sym11
	sym12	sym8	sym6		GB0				sym12
	sym13	sym9	sym8						sym13
				sym9					
					GB1				
						SF1_Turbo			

图 2-20   LTE 系统下行链路处理实时性问题示意（续）

实时性系统软件设计的关注点

（1）单方向的链路处理设计。此设计可以考虑以帧为单位，单方向每个步骤的模块处理必须在一帧时间内完成一帧数据的处理；多个模块级联时的处理则需要考虑多个模块之间的缓存数据的空间有一帧的余量。

（2）有反馈支路的链路处理设计。找到要求最短反馈时间的反馈支路，并找到其中的处理模块，再合理分配每个模块的实时性要求并调整缓冲池大小。

（3）可能采用的方法。设计专用的加速器电路和专用的信号处理指令，采用的分布式存储器结构、零复制的模块间通信机制等，都是很好地提高系统实时性处理能力的方法。

我所参与开发的 LTE 芯片和软件都采用了这些方法。如图 2-21 所示，LTE 芯片架构采用的分布式的处理器架构就是根据 LTE 的链路处理实时性要求而设计的。

从图 2-21 可以看出分布式 LTE 芯片架构是一个比较通用的通信终端协议处理芯片的架构。其中 L2/L3 Core 是处理 LTE 协议第二层（L2）和第三层（L3）的处理器，SRAM 是内存，Cache 是处理器临时数据缓存，DDR 是双时钟访问存储器，INTC 是中断控制器，BOOTROM 是固化的启动引导代码，AHB 和 APB 都是一种总线协议，Bridge 是 AHB（高级高性能总线）和 APB（高级外设总线）之间的桥接，L1C Core 是对 LTE 物理层上行 / 下行算法进行调度的软件所在的内核，TX Core 是 LTE 物理层上行算法处理所在的内核，FFT Core 是处理 FFT 算法的内核，FEC Core 是下行控制链路处理所在的内核，MIMO Core 是处理 MIMO 算法的内核，Decoder Core 是进行解码运算的内核，Share MEM 是物理层和 L2/L3 之间传输数据所需要的共享内存。如果运算量大，实时性要求高，相应模块的处理器可以并行增多，形成具有更强的并行处理能力的阵列。例如，图 2-21 中的 FFT Core 可以处理 20MHz 带宽的信号。如果把系统带宽扩展到 40MHz，要求同时处理 40MHz 带宽的信号，要满足实时性要求，则至少需要扩展到两个拥有同样能力的 FFT Core。这只是简单而直观的推理，事实上如果带宽真的扩展到了 40MHz，情况可能会更复杂，数据交互的需求增加的可能不只是 2 倍，而是 4 倍，甚至更多。某些模块处理能力也可能需要提升更多倍才能满足实时性的要求。这个需要系统工程师根据系统的需求进行更加精确的评估才能得到合理的架构设计。

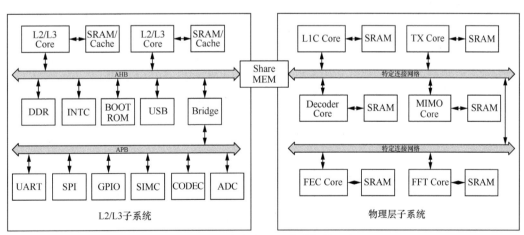

图 2-21　分布式 LTE 芯片架构示意

2.7.4　处理器和操作系统的实时性问题

从工程实现的角度来看，满足实时性需求，需要考虑处理器的实时性和操作系统的实时性。从处理器的角度来看实时性问题，主要有两个关键点，一是处理器的运算能力；二是处理器的中断响应速度。处理器的运算能力决定了每个算法和功能模块在此处理器上运行时的时间长度，这个时间长度需要满足系统分析得到的要求。处理器的中断响应速度决定了处理器能及时响应外界请求的速度。例如，机器人在行走过程中速度是 1m/s，自身雷达系统扫描到距离障碍物 0.5m 后，发出信号给处理器，处理器必须在小于 0.5s 的时间内完成响应，并发出指令使机器人停止行走，并为机器人选择新路线避开障碍物，否则就会发生碰撞。如果此处理器没有实时的中断响应机制，则不能满足这样的系统需求。

处理器的运算能力与处理器的内核结构和运行的速度有关。例如，内核 A 有 2 个 32 位加法器和 2 个 16 位乘加器，内核 B 有 4 个 32 位加法器和 4 个 16 位乘加器，很显然在同样的时钟频率下，内核 B 比内核 A 的运算速度快一倍。如果时钟频率不同，内核 B 的时钟频率再高一倍，那么内核 B 的运算速度是内核 A 的运算速度的 4 倍。这样的结论只单纯比较了处理器内核结构和运行速度。事实上，如果代码本身要有效利用这些并行的运算电路，还需要编译器有很好的优化能力。所以，处理器的运算能力不纯粹是一个硬件的问题，需要结合硬件电路结构和编译器软件能力综合考虑。

处理器中断响应的实时性主要与处理器的内核结构有关。处理器一般都有处理中断的专门电路——中断器，由中断器在处理器的运行过程中接收来自处理器外的中断信号。当接收到中断信号时，处理器会终止当前的运行管道，把处理器流水线正在等待的译码或者取值等指令清除，记录当前运行终止的指令位置，对处理器内部的寄存器组进行保存，然后从中断矢量表所指向的存储区取出指令开始执行。在整个过程中可以看到，处理器的操作被分为几个步骤，涉及处理器流水线的长度、寄存器的数目、处理器和中断管理电路的接口效率等因素，这些因素影响着处理器中断响应的实时性。电路越简单，电路的时钟频率越高，中断响应的实时性就越好。

处理器的中断响应速度与操作系统的实时性问题有关。一方面，处理器本身的结构决定着其中断响应速度;另一方面，操作系统的结构应很好地利用处理器的结构，而且自身有着很好的抢占机制和较高现场恢复能力，共同提供给应用层一个很高的实时性能。

图 2-22 中上、下两张图对比了非实时操作系统和实时操作系统在任务调度上的区别。任务 1 到任务 3 对应不同的软件任务模块，调度器对应根据不同事件需求随时间进行任务调度。当中断到来的时候，调度器会及时响应中断事件。在中断处理中，向任务 3 发送消息和信号后，非实时操作系统不会及时调度任务 3，而是按照预定时间片继续执行任务，直到任务 3 的时间片到达才会响应。实时操作系统会切换调度任务 3，而后再回到正常调度环节。

当然，具体到软件设计、芯片设计，也会有诸多实时性系统设计的问题，在此不多叙述。归根结底，都来自数字信号处理的最基本的性质之一，即在最基础的采样点之间的时间内需要完成这个采样点的数字信号处理。

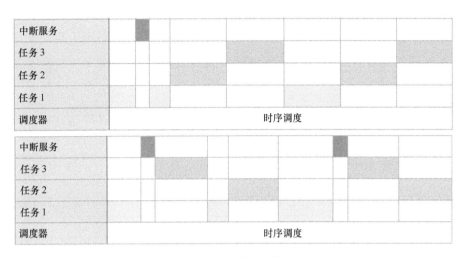

图 2-22　实时操作系统和非实时操作系统运行示意

2.8　小区切换：无切换不移动

SCDMA 系统的最初版本是固定无线接入系统，设备主要是固定不动的终端。而我参与 SCDMA 系统的设计和开发的时候，设定的目标是要将其应用到移动终端上，所以有了第一批的 SCDMA 大灵通手机。从固定的终端到移动的终端，我们花费了大量的时间重新设计系统，目的是提高其移动性能。

GSM 系统是移动通信系统，切换过程在 3GPP 对应的 23 系列标准里面有比较好的设计。

LTE 系统也是为高速移动场景所设计的通信系统，非常重视小区切换过程的设计，其性能决定着用户的体验。但是在 3GPP 对应的 36 系列标准里并没有描述终端物理层处理过程的一些细节，需要终端软件系统设计者深入理解并不断地尝试。

2.8.1　第一个关注点：如何检测信号，确定终端达到小区的边缘

如图 2-23 所示，SCDMA 系统中不同的基站（BTS1 ～ BTS4）按照不同的频率（F1

～F4）来组网，相邻基站是不同的频率在同一个基站小区里，依据码字来区别不同的正在通信的终端（TE）的。其中基站本身占用一个码字进行基本信息广播。终端在与基站建立通信连接后，除了不断地检测、判断自己所在基站的信号强度和质量，在整个通信过程中还周期性地偷帧接收检测相邻基站的同步头（Sync）的信息和质量，以作为自己判断是否远离当前小区进入新小区的依据。此处提到的偷帧概念，在后面会再详细描述（见2.8.3节）。补充说明，图2-23中Data时隙对应数据发送的时隙，每一次数据发送都紧跟在一个Sync的后面。

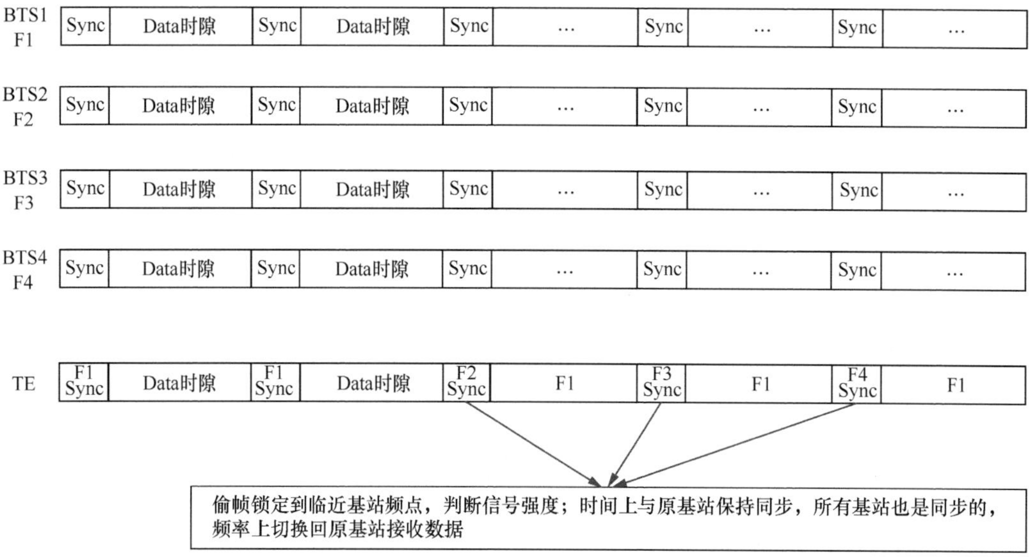

图2-23　SCDMA系统的临近小区测量时序

在GSM中，终端通过一个基站注册到系统中，核心网会将该基站周围的邻居小区的信息发送给终端。终端持续对本小区进行测量，也周期性地通过空闲（IDLE）帧对邻居小区进行测量。GSM是一个完全异步的系统，本基站的空闲帧对应的其他基站还是有信号发射的，所以可以正常测量到其他基站的信号，从而判断终端与周围基站之间的位置关系。在LTE系统中，相邻小区可能是频率相同或者不同的，终端需要不断测量相邻小区的信号，以确定是否到达小区的边缘。相同频率的小区由3个循环移位构成不同的主同步码来区分。

2.8.2　第二个关注点：如何快速地完成在小区边缘跨界的切换

在前述进行测量的过程中，不仅仅是要测量信号的质量变化，还需要根据接收到的基站同步信号偏移量来确定终端与旧基站和新基站之间的距离关系变化，在前述测量阶段就将同步时间点记录下来是非常重要的。如图 2-24 所示，判断信号的强度和质量是否满足切换条件的时候，需要迅速在新基站建立同步，根据前述测量时获得的同步点就会比较容易和新基站建立同步，从而加快小区切换的速度。

通过 LTE 系统的空闲帧测量得到下行接收信号的时间差，从而得到距离差。根据下行接收信号的时间差可以估算上行的发射时间点。同样，根据下行测量的功率，可以计算切换之后应该使用的开环功率。但是由于测量得到的时间差和开环功率都是不精确的，在实际发生切换后，需要一个逐步调整的过程，尝试与基站达到时间同步和功率匹配，从而快速完成切换的接入。

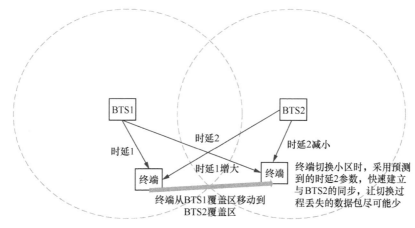

图 2-24 终端切换小区过程保持同步示意

以上概念和方法在 GSM 里一样是有效的。在 GSM 中，终端对邻居小区的测量，除了测量其功率大小，也记录邻居小区相对于当前小区的时间差。每个邻居小区有不同的时间差，这个时间差的记录，在发生小区切换时有利于终端可以快速同步到新小区并完成接入。

在不同的系统中，各自小区区分的导频信号不同，所以测量相邻小区信号的方法会有差别，但是整个机制是类似的。

2.8.3 第三个关注点：如何保证切换过程中的语音信号的质量

1. SCDMA 的偷帧

如图 2-25 所示，在 SCDMA 系统中为了在监测邻频基站信号的过程中不损坏语音，终端采用了偷帧的方式。偷帧即在原始 SCDMA 协议标准中没有类似于 GSM 系统的空闲帧用来进行测量，于是修订 SCDMA 协议标准，在语音帧中创造出周期性的空闲帧来进行测量。具体来说，把 N 帧语音帧压缩到 $N–M$ 帧传输，使用空余 M 帧进行测量活动。这样处理后，不会损坏语音，同时又能快速切换。将 N 帧语音帧压缩到 $N–M$ 帧传输，副作用是会产生一定的语音时延，但只要在人耳可以忍受的时延范围内就没有问题。

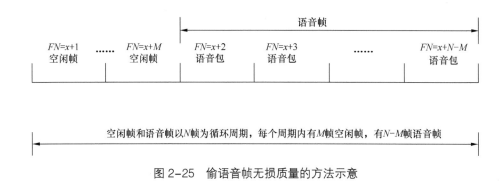

图 2-25　偷语音帧无损质量的方法示意

除了偷帧，语音包也加强了信道编码，使其容错能力得到了提升。这样在信道质量波动比较大的时候，也能基本保证语音质量。此外还引入了静音检测机制，也就是发送方在没有输入声音的期间，只传输代表舒适噪声的参数给接收方。这样在信道条件差的时候，错误的数据包在声码器解码产生的语音能尽可能避免出现很刺耳的声音。

我主导设计的采用偷帧的方式监测邻频基站信号、记录同步时间点并快速切换的机制，在 SCDMA 的大灵通手机大规模商用的时候就得到了很好的应用，大大提升了用户体验。

2. GSM的空闲帧

GSM 系统在设计时就考虑了空闲帧（每 26 帧会有一个空闲帧），所以测量本身是不会损伤语音帧的。LTE 系统的语音没有单独的电路交换模式，都是跟随数据包交换方式，而且系统也预留了空闲时隙给测量邻居小区使用，不会造成语音损坏。通常在开发协议栈软件的时候，为了方便调试都会开发一些监测工具。例如路测的时候，需要比较方便地观察移动过程中的数据，工具在路测过程中记录切换发生的位置，对照基站所在的位置，可以很方便地分析切换的地点是否合理，再对照相关时间点的日志，仔细分析为什么切换的地点不合理。

2.8.4　路测看效果

如前所述，切换过程越短，中间丢失的数据帧越少，无论是语音通信还是数据通信，用户都会有更好的体验。要实现快速切换，必须在切换前做好充分的测量，选择正确的新基站，并且在最合适的时机发起切换过程。太早切换容易在两个基站之间发生反复切换，太晚切换则容易导致切换失败，从而引起终端掉线。

图 2-26 展示了路测软件记录的路测过程，顺利切换的位置如其中圆点所示，掉线后切换小区的位置如图中红色圆点所示，图 2-26 能帮助我们分析整个切换过程中的所有问题。切换的性能是信号处理和切换策略的一个系统指标，是移动通信系统非常关键的一个指标。

图 2-26　路测软件记录的路测过程示意

2.9　远距离通信：绕过地平线

测距技术是通信技术中很实用的一个技术，在 3.8 节会集中讨论测距技术。如图 2-27 所示，通过收、发双方的信号回环时延可以估算双方之间的距离，这是利用了通信双方之间的信号时延与距离成正比的原理。本节重点讨论另外一个问题，如果通信双方的距离非常远，对应的信号时延也会非常高，此时系统设计需要考虑的关键点有哪些。

假设通信双方之间的距离为 50km，单方向无线电波传输时延将达到 170μs。双向通信时，终端接收到基站的数据，转到终端发射，基站再接收到终端发射的数据，从基站发射完数据到开始接收数据过程中的时延至少是 340μs，这个时延是非常高的。首先，终端初始接入基站时，并不知道自己与基站之间的距离，它尝试初始开环接入的时间点，可能是理论上的零点距离点，也就是说会落在基站真正的零点距离点后面 340μs。所以基站初始搜索终端发送的随机接入信号的窗口至少需要超过 340μs 才有可能支持 50km 的接入距离。

远距离通信涉及的不仅仅是基站搜索终端初始接入信号的窗口大小的问题，从图 2-27 可以看到终端和基站的收发时序也需要根据通信距离远近来设计。如果是时分双工（TDD）系统，终端必须在接收完信号之后转发射，那么为了支持远距离通信，基站在发

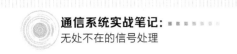

射信号完成到开始接收之间，必须有可以支持这个距离的对应的时延窗口。同样，基站在接收完信号之后立即转发射，而终端在发射完信号之后再接收到基站的信号也需要支持这个距离的对应的时延窗口。由此可见，远距离通信的需求导致用于传输数据的有效时间窗数量相对于短距离通信会更少一些。

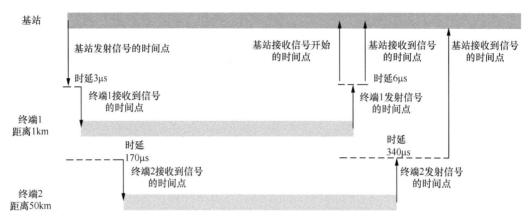

图 2-27　远距离通信时延示意

如果是 FDD（频分双工）系统，是否可以并行处理而不损失时间窗呢？这在实际工程中是比较难做到的。因为即使上下行频率不同，如果终端在接收的时隙尾部又开始发射信号，那么发射的信号会把接收 RF 前端通道完全阻塞，导致无法接收到正确的信号。所以实际上无论是 TDD 系统还是 FDD 系统，终端在支持远距离通信时都必须牺牲一定的时间窗。但是对于 FDD 系统的基站而言，在同时处理不同终端的信号时，由于基站的天线、RF 电路、基带处理电路和软件都可以用上下行不同的资源来处理，可以做到时间上的重叠。因此从基站并行处理多终端的角度来看，FDD 系统的基站可以做到不损失时间窗。

2.10　灵敏度与信噪比（SNR）：建立通信的信号能量基线

什么是灵敏度？

灵敏度是接收机可以接收的检测出信号的最低信号功率。例如，我们经常听到某芯片的接收灵敏度是 -97dBm，-97dBm 就是指这颗芯片能接收检测出信号的最低信号功率。但是灵敏度通常与接收机的接收带宽相关，所以会看到同一颗芯片在接收 500kHz 的信号和接收 2MHz 的信号时对应的灵敏度不同。为什么灵敏度与接收带宽相关呢？因为在接收带宽不同时，接收机本身的滤波器带宽也不同，这样通带内收到的热噪声也就不同。

热噪声的计算公式为 $N=KTB$，其中 K 是玻耳兹曼常数，T 是绝对温度，B 就是对应的带宽，噪声功率与带宽成正比，带宽越宽，热噪声功率越大。热噪声功率越大，接收机需要检测到的信号功率也越高，这样才能够给接收机足够的 SNR 容限，使接收机能足够判断这个信号。因此带宽越宽，灵敏度通常也会越低。

在通常的环境中，往往收发双方之间的距离还不够远，信号并未衰减到灵敏度相当强度，通信就会出现中断。这是因为环境中存在很多干扰噪声，以及多径导致的信号衰减，上述因素造成接收信号的 SNR 变差，低于接收机可以正确判断的 SNR 门限。

如图 2-28 所示，信号经过不同的传输距离，衰减也不同，如果路径中间有障碍物，其导致的信号衰减使很短的距离也无法通信。所以接收机的灵敏度只是其中一个影响因素，决定接收机是否能保持通信的另一个因素是 SNR。灵敏度是对应环境无其他噪声时 SNR 满足条件的最小信号功率。

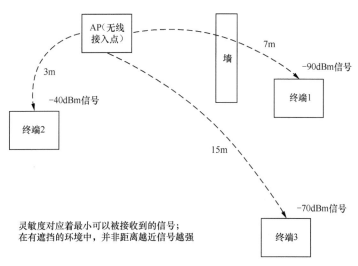

图 2-28　灵敏度影响示意

为何要详细介绍灵敏度和信噪比这两个概念？这是因为有时候看起来很简单的概念，但在实际分析问题的时候，会发现人们对它们的理解不相同。当在实际场景中发现某个接收机无法工作时，我们可能会纠结为何灵敏度那么高在很短的距离内就无法工作了。之所以这样纠结，是因为接收机检测信号不能只看信号功率大小，而是要看信号功率是否比噪声功率高出一定门限。如果信号功率大小与噪声功率大小相当，都很大，如 -40dBm，那么 SNR 还是 0，接收机是无法正确地区分信号的，可能会有人质疑这一点，但 SNR 是 0 的 CDMA 系统是可以工作的。这是因为 CDMA 系统会将淹没在噪声中的信号用正交序列相关的方式提取出来，相当于又进行了一次窄带滤波，把带宽之外的噪声

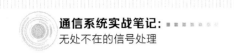

滤除，提升 SNR 扩频增益的倍数，从而可以正常工作。这个案例进一步说明，真正理解最基本的概念是非常重要的。

2.11 干扰与多径：信道总是复杂的

在无线通信系统中还有一个重要的问题是多径。信号经过不同的路径传播，接收机会接收到多条路径上的信号叠加在一起的信号。由于多条路径传播对信号造成了相位上的不同时延，以及能量上的不同衰减，叠加在一起的信号往往会出现很大的变形。如果能量较大的多径不能被很好地区分出来，并有效地在修正后叠加，它就对真正的信号形成了一种干扰。如果多径信号的能量已经衰减到极弱状态，这样的多径信号不会造成很大的影响，所以无须处理。

不同波长的信号对多径的反应是有很大区别的。例如波长为 12cm 的 2.4GHz 信号，在两个相邻的物体之间传输，假设两者之间距离在 6cm 左右，则两条多径可能造成一个接收机接收到的信号增强，而另一个接收机接收到的信号非常弱。如果信号的波长更短，则可能导致接收机的位置稍微移动，多径造成的结果差别很大。

图 2-29 的案例进一步说明，由于多径的存在，接收机接收到的信号功率不能遵循其与发射机之间的距离越近信号功率越强的规律。而在实际传输环境中，往往都是有多径叠加在一起的，基本没有纯粹的无多径环境。所以对多径的研究一直是通信系统的热点。利用好多径，接收的信号能得到增强；利用不好多径，则其会成为接收信号的干扰因素。

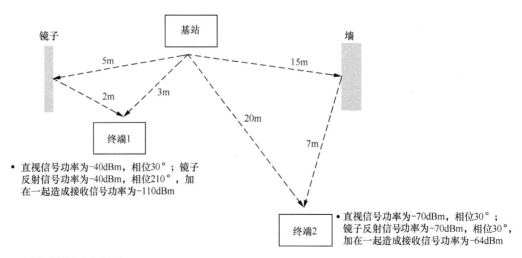

图 2-29 多径影响示意

除了多径产生的干扰，现实环境中往往还存在许多其他系统的干扰。同频的干扰或邻频的干扰，以突发的或者持续的不同形式给系统通信带来很大的影响。

在 2.10 节就提到了 SNR 才是决定接收机是否能正常检测到信号的关键。如图 2-30 所示，信号经过不同路径传输到不同的接收机上。虽然不同的信号强度看起来对距离更近的接收机有利，实际上由于不同位置的接收机接收到了不同强度的干扰信号，最终却是距离较远的接收机更有利于工作。

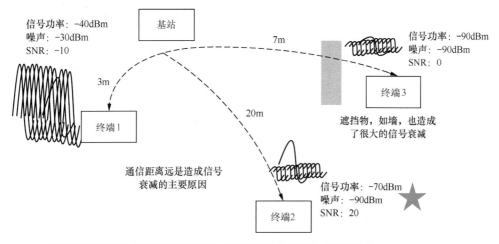

图 2-30　SNR 影响示意

2.12　频率容限：影响通信效果的因素

下面讨论系统的频率容限问题。对于通信系统来说，收发双方的频率同步是必须的，频率不同步意味着通信双方不在同一个频率上工作，这是无法实现通信的。但是由于通信双方都基于各自的时钟运行，必然存在频差。而系统在成功通信的基础上能容忍多少频差呢，这就是系统的频率容限问题。

GSM 的频率容限案例

GSM 的频率容限如何？为何一些直放站加入后会对晶体振荡器的稳定性要求更高，更换晶体振荡器后，整个系统又能从失步状态恢复呢？

2009 年，我曾经与直放站厂家合作，在合作过程中遇到了一个 GSM 的频率容限案例，问题如上所述。查阅 GSM 的 SPEC（系统规格定义）后，我找到了上述问题的答案。其中 TS 45.050 的 "R.8 Radio Frequency Tolerance" 章节很详细地说明了 900MHz 和 1800MHz 两个频段的频率容限指标，并说明了 GSM 为何要求频率容限为 0.1ppm，其中考虑了晶体振荡器的偏差，以及运动速度带来的多普勒频移的影响、算法对信号的处理可以进行补偿的范围。从 1800MHz 系统来看，整个链路的频率容限在 0.18ppm 以下，系统是可以工作的。而 GSM 设计要求频率容限为 0.1ppm，低于 0.18ppm。

这里再考虑一种情况，当直放站加入系统时，又为系统频率容限增加了哪些不确定因素？主要是增加了频率偏差（以下简称"频差"），原理如下。

GSM 的上下行链路采用不同的频率，上下行信号之间有 45MHz 的频段。终端的自动频率校正（AFC）算法是针对下行的信号来进行的，不能完全补偿上行信号的频差。假设终端完全补偿了上下行信号的频差，在它的上行信号中仍然存在 4.5Hz 的频差（如果按照 0.1ppm 计算）。

如果直放站上下行链路所采用的本振频率不同，引入的频差也会不同。由于终端通过计算下行信号来进行 AFC，对上行信号而言，则会出现比较大的偏差。对于下行链路，直放站先接收基站的信号，放大后再次发射信号给终端；对于上行链路，直放站则是反方向处理。因为下行链路频率比上行链路频率高 45MHz，如果下行接收基站信号的本振时钟源与转发出去的本振时钟源不同，则会在下行链路中引入新的频差。同理，如果上行链路也存在本振时钟源不同的情况，会再次引入频差。这样多个频差叠加在一起如果超过了整个链路的频率容限，则通信不能正常进行。

注意： ppm 只是一个相对值的表达，不同的频率相对应的 0.18ppm 对应不同的绝对频差，而解调算法的要求是绝对要落在 250Hz 以内才可以正确解调。

2.13 功耗：真的是一个系统工程

在使用电池供电的移动终端里，功耗是一个非常重要的问题。本书主要介绍信号处理方面的工程问题，看起来和功耗不太相关，但是我在修订书中内容的时候，恰好因为一些项目与同事多次讨论功耗问题，而且这些年也一直从事低功耗产品的开发工作，个人认为功耗问题是一个非常系统的问题，需要详细探讨一下。

低功耗设计是一个系统工程，涉及通信协议设计、软件设计、集成电路技术、电池技术等多个方面。图 2-31 是移动终端功耗随工作状态变化的示意图。从图中可以看出，移动终端基本处于几个状态，即深睡眠状态、周期监听寻呼状态、测量状态、通信状态。这几个状态既对应着系统软件的状态，又对应着终端芯片的状态。

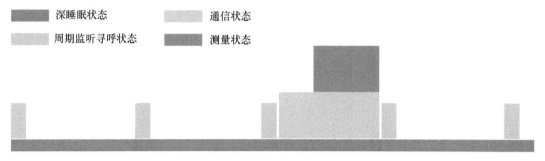

图 2-31　移动终端功耗随工作状态变化的示意图

（1）深睡眠状态是移动终端不工作的状态，这种状态下软件停止运行，硬件电路只有一个时钟电路在工作，以便于计时到设定的周期时能启动整个电路，此时的功耗是最低的。深睡眠状态的功耗主要来自集成电路本身完成基本定时所需的功耗，但是不同的集成电路工艺和电路架构都可能导致这种状态的功耗不同。从 GSM 的单芯片时代开始，这个定时电路就被完全集成到了芯片内部，用一个电阻电容（RC）振荡电路来实现时钟功能。RC 振荡电路可能会有比较大的误差，这个误差依靠在高精度晶体振荡器工作的非深睡眠状态下对 RC 振荡电路进行校准来修订。这样可以节省成本。除了定时电路，芯片内部可能还有某些电路在漏电，并未完全断电。例如处于保持状态的内存空间，这些空间的数据或者程序需要从深睡眠状态唤醒之后立即使用；又如某些芯片的 I/O 脚也不能完全切断电源，需要有接收外部信号并唤醒整个芯片的能力。十几年前，深睡眠状态的漏电控制在 1mW 以下，目前的集成电路技术，已经能够将芯片深睡眠状态的漏电控制到 3μW 以下，这极大地减少了电池消耗的能量，延长了设备的待机时间。

（2）周期监听寻呼状态是终端按照空中接口协议的约定，周期性唤醒后接收来自基站的呼叫信息的状态。为什么要这样设计呢？首先，移动终端接收到的基站信号都是经过一段距离衰减后的信号，通常接收到的能量都很弱，如果移动终端不主动周期性醒来打开 RF 部分的放大器，就不可能接收到这些信号；其次，如果移动终端醒来接收信号的时间点不是周期性的，而是没有规律的，那么基站不知道要在哪个时间点发送信号。回到功耗相关的问题上，由于接收无线信号会产生功耗，运行接收无线信号的软件也会产生功耗，所以接收阶段产生的功耗来自软件和集成电路两个方面。软件将这个过程控制得

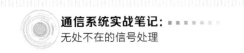

越精确，就越省电，而软件能否进行上述精准控制也依赖于集成电路提供的能力。另外，集成电路在接收无线信号阶段产生的功耗取决于其工艺和电路架构。

对于深睡眠状态而言，整个集成电路可以说只有 RC 振荡电路和一个基础的计时器电路在工作，其他电路完全停止工作，甚至绝大部分电路都可以把电源断开。停止工作意味着所有的时钟停止翻转，所有门电路也都不再翻转，因此无电路翻转的功耗。把大部分电路的电源断开，则静态的漏电也降到了最低。对于周期监听寻呼状态而言，由于绝大多数时间（超过 90% 的时间）基站都没有给终端发送消息，所以周期监听寻呼由一个单独的模块（有独立电源域）承担会更省电。例如，这个单独的周期监听寻呼的电路工作耗电 1mW，整个集成电路工作耗电 10mW，那么 90% 的时间周期监听寻呼耗电 1mW，10% 的时间周期监听寻呼需要接收数据时耗电达到 10mW，这样终端电路就会因为周期监听寻呼而减少能量的消耗。在图 2-31 中对于周期监听寻呼状态的示意是一个小矩形，事实上，把这个小矩形放大之后，也有不同的高度，即使是在这一小段时间内，芯片中涉及启动运行的电路也有差别，会导致不同程度的耗电。因此设计芯片架构的时候必须考虑整个电源域的划分，根据不同功能实现的时间不同分成若干个电源域，这样系统在工作时才能充分利用这些特性，在不同状态下关断不同电源域的电源，从而达到省电的目的。如果 SoC（单片系统）功能比较复杂，芯片内的电源域可以高达几十个，电源域之间需要进行适当的隔离，以避免不必要的漏电，这是设计 SoC 尤其需要关注的地方。

（3）测量状态与周期监听寻呼状态类似，都是需要接收信号的，只是接收信号的频点不同、接收信号需要采用的信号处理算法不同。如果用一个单独的 DSP 来处理周期监听寻呼，那么也可以用此 DSP 来处理测量。但是如果在进行系统设计的时候将周期监听寻呼流程融合在正常下行链路接收数据的流程中，就比较难实现低功耗的周期监听寻呼接收和信号测量了。

（4）通信状态一般是一个双向的过程，此过程的功耗是最大的，所有的软件模块都工作了，RF 部分收发无线信号的电路也在工作。在这个过程中，软件运行效率和电路工作效率都是重点需要考虑的。使用不同的算法来实现目标时，产生的功耗可能差距巨大。例如，都使用 MIMO 接收信号，ZF 算法相较于 MMSE 算法对处理能力的要求就低很多，这就意味着同样的 DSP 运行 ZF 算法与运行 MMSE 算法相比只产生一半甚至更低的功耗。即使同样是 ZF 算法，算法优化的程度、用不同 DSP 的指令集实现，也会影响产生的功耗大小。RF 部分在通信阶段的功耗最大，接收信号时只有 RF 收发器产生功耗，包括 PLL、放大器、本地变频器、滤波器等电路。发射信号时还需要加上 PA（功率放大器）的功耗，PA 的功耗是随着发射功率的变大而变大的。由于移动终端与基站有一定的距离，发射信号需要达到一定的功率才能被基站接收。根据前面功率控制章节内容，发射功率也是一个变量，是被基站闭环控制的变量。所以，在通信阶段受到很多因素的影响，移动终端整体的功耗有比较大的波动。

移动终端上的一些特殊器件的功耗也需要关注，尤其是一些功耗大的器件，如屏幕。屏幕的功耗主要与刷新屏幕所需要的驱动电路和屏幕显示所需要的功耗相关，这个是由屏幕基本技术所决定的。例如，LCD屏幕需要背光，背光的灯是非常耗电的；OLED屏幕不需要背光，相对而言比较省电。但是LCD屏幕和OLED屏幕都需要动态刷新屏幕、持续耗电。EPD（电泳显示）屏幕只在刷新屏幕的时候耗电，刷新屏幕完成后就不再耗电。EPD刷新屏幕时，因为需要高压电场驱动显示屏幕膜片中的带电粒子运动，所以需要消耗较大的能量，电场驱动粒子运动的波形可能会因为需要显示不同颜色而有差别，而且驱动的时间长短也会有差异，从而导致其功耗不同。

电池技术本身与功耗没有特别直接的关系，但是在某些不能充电的设备上，电池技术和功耗一起决定了设备的寿命。使用者通常关心的是设备的寿命，而不是前面所讲的各个阶段的功耗，以及为了省电而采用的各种技术手段等。所以从终端寿命的角度来看，电池技术就变得和功耗问题不可分离了。在此，我不对电池技术进行讨论，只是提及其重要性。

到此，主要的终端功耗状态都已经简单说明。系统协议的设计是协调这几个状态使终端尽可能省电，又能非常及时地收发数据。

总之，低功耗设计是一个系统工程，是随着集成电路技术的发展而发展的，需要全系统的开发者协调设计才能获得最优的效果。从芯片架构设计的角度来看，要尽可能地减少深睡眠状态的漏电，在周期性唤醒时用尽可能少的电路参与寻呼的接收；从软件系统角度来看，在通信阶段要采用优化的算法进行快速运算；从系统电路角度来看，要在主要器件上控制功耗。结合几个方面系统设计，便可以得到最优的低功耗性能。

2.14 系统吞吐量：系统构建思维的必备点

一个通信系统往往包含若干网元，每个网元都有自己的吞吐量。系统分析需要结合所有网元，考虑每个节点的吞吐量，才能找到系统的瓶颈，知道系统整体的吞吐量是多大。

要注意区分系统吞吐量与系统时延。系统吞吐量是指系统同一时间段能处理的最大业务量。系统时延是指从输入端输入信号到系统完成信号处理、传输等操作之后输出结果的时间长度。这是两个完全不同的概念，但是由于它们存在一些相关性，容易混淆。如果一个吞吐量较大的系统输入的信号没有达到系统的最大吞吐量，那么处理这些输入

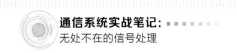
的信号所需要的时延就是一个系统正常单位时间内处理一组信号的时延。但是如果输入的信号超过了系统的最大吞吐量，则会有一部分输入信号需要等待一个单位时间后才能得到处理，这时的系统时延会较大。

一个大系统可能由若干个子系统，甚至微系统构成。系统的吞吐量不是简单的所有微系统吞吐量的叠加。因为在微系统叠加成为子系统、子系统叠加成为大系统的环节中，可能存在一些瓶颈。而这些瓶颈往往会成为整个系统吞吐量的决定因素。例如每个微系统可以处理5Mbit/s的吞吐量，而由100个微系统构成一个子系统时，子系统的吞吐量是否能达到500Mbit/s需要看子系统的各个处理环节是否都能达到这个指标。如果每个子系统的吞吐量都能够达到500Mbit/s，由100个子系统构成一个大系统时，同样大系统的吞吐量还需要看这100个子系统的各个处理环节是否都能达到50Gbit/s，一旦某一个节点无法达到，则该系统的吞吐量，甚至整个系统的吞吐量就被限制在这个节点所能达到的吞吐量上限了。

系统时延通常是由系统完成处理环节的多少决定的。系统处理信息时，都是流水线操作并行进行的，能最大限度地利用整个系统的处理能力。如果流水线有5个节点，则每条信息至少需要经过5个步骤才能完成，也就是从输入到输出的系统时延是5个步骤的时延之和。当然，完成每个步骤所需要的时间需要具体看不同的系统设计实现的功能、工作的时钟等。

在系统设计之初，对系统进行建模是很有必要的，需要对某一个系统的各个模块进行吞吐量和时延的估计，这样才能分析清楚整个系统的吞吐量和时延，设计出一个均衡的系统。

第3章
通信工程的常用算法

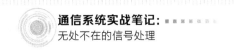

3.1 相关运算：富含底蕴的乘积累加运算

信号处理的算法如果按照基础程度排序，我认为第一名当属相关运算。下面以我的个人经历为例进行介绍。

研究生一年级期末考试结束，我跟随老师到信威通信技术有限公司（以下简称"信威"）参与 SCDMA 系统（SCDMA 是第三代移动通信协议之———TD-SCDMA 的前身，在 3G 之前的一个专网使用的通信系统）的设计开发工作，从此开启了真正意义上的研发工作。我的人生第一个完整参与的研发项目，是从阅读摩托罗拉芯片上的声码器代码开始的，然后完成了几个版本的声码器算法和 SCDMA 物理层算法的开发工作，从此就与相关运算接触得越来越深入。

声码器算法和 SCDMA 物理层算法里面有很多的相关运算。例如，语音信号处理里的自相关矩阵的运算对于基音的求取；物理层算法里面初始基站信号搜索的相关运算，以及 CDMA 信号的解扩运算等。当时我只知道这是数字信号处理中最基本的运算之一，按照相应的公式进行计算就好，并没有更深入的思考。很多时候，我们都不求甚解，在大学学习的时候就只是了解了一些皮毛，应对考试，缺乏更深层的理解和思考。当然即使是这样，我们也能完成很多工作，解决很多问题，推动很多项目，推出很多产品，好像并没有什么不好。但是一旦脑海里出现那个声音"你真的明白了吗？"，此时会发现自己是那么肤浅，还有很多值得挖掘和探索的未知的东西。

在信威工作 7 年后，我来到创业公司简约纳电子有限公司（以下简称"简约纳"），开始了"GSM+GPS"双模芯片的系统工程设计开发工作。2007 年是从硅谷归国的 IC 高科技人才创业的起始点，我很自然地参与到了这个创业浪潮中，在简约纳与几位从硅谷归来的世界顶尖的工程师一起工作了一段时间。在简约纳工作的 10 年，我除了负责"GSM+GPS"双模芯片的系统设计项目，还有幸主导了 LTE 的芯片架构设计、芯片开发、GSM 和 LTE 的物理层和协议栈软件开发等项目。GSM 和 LTE 虽然与 SCDMA 不同，但是在搜索基站信号的时候，它们使用的相关算法类似，在信号处理、系统实时性处理、低功耗处理等方面有很多相通的地方。在设计和开发这些算法的时候，我对通信系统的原理和工程实现的理解越来越深刻。

那么究竟什么是相关运算呢？应如何理解它呢？

我认为，相关运算是对两个序列的相似性进行比较的一种数学运算，其公式如下。

$$r_{xy}(l) = \sum_{n=0}^{N-1} x(n) \times y(n-1) \qquad (3\text{-}1)$$

注意：公式（3-1）里面的序列可能是实数，也可能是复数（无线通信信号处理通常是在复数域进行）。如果只有实数参与运算，说明此处只关心幅度相似性；如果有复数参与运算，则说明除了幅度，信号的相位也是携带信息的，必须一起考虑。

注意：进行复数运算时，对应的乘积是共轭乘积，这样才能得到相关的结果。

就是这么简单的一个公式，却有着无穷的力量，贯穿了我20多年的工程开发生涯。现在在应用卷积神经网络时，我发现卷积神经网络（CNN）算法的本质，依然是进行相关运算、滤波，再寻找一个通用的解法提取特征并进行匹配。这就是数学的魅力吧，简单的运算法往往能够被应用到许多领域中。

以下讨论几个相关算法的经典应用。

3.1.1 相关运算在 GSM 中的应用

在 GSM 中，对信号进行均衡之前的信道估计用已知的训练序列与接收到的信号序列进行相关运算（注意此处，我将矩阵运算也包含在广义概念的相关运算中）。其结果中最为相似的那个序列起点就是最大径所在的位置。信道估计的运算公式如下。

$$h(l) = \sum_{n=0}^{N-1} r(n-1) \times \text{Training}(n), l = 0, 1, \cdots, L-1 \qquad (3\text{-}2)$$

在公式（3-2）中，r 是接收到的信号序列，Training 是已知的每帧信号中间的训练序列，h 是信道估计得到的结果，N 对应训练序列的长度，L 对应多径的搜索范围，最终取多径的节数小于 L。

3.1.2 相关运算在 CDMA 系统中的应用

在 CDMA 系统的同步算法中，用已知的 PN_Walsh 序列与接收到的信号进行解扩运算，实际上也是一种相关运算，如公式（3-3）。

$$r(t) = \sum_{n=0}^{N-1} x(t+n) \times \text{PN\_Walsh}(n) \qquad (3\text{-}3)$$

在回声抵消算法中，利用相关运算来寻找回声的主径在哪里，我们将发出的声音波形与接收的声音波形在一定时延范围内进行相关运算，以找到时延的精确位置，从而减弱输出声音信号里的回声，实现回声抵消，如公式（3-4）。

$$r(\tau) = \sum_{t=0}^{T-1} \mathrm{x\_in}(t+\tau) \times \mathrm{x\_out}(t), \tau = 1, 2, \cdots, \mathrm{max\_delay} \qquad (3\text{-}4)$$

3.1.3　相关运算在 LTE 网络中的应用

在 LTE 网络搜索阶段，用相关运算来进行初始同步。LTE 网络搜索过程从 PSS 的搜索开始，再到 SSS 的搜索，最后定位 MIB 的位置并解调出所有信息，完成整个初始网络搜索、同步过程。其中，PSS 的搜索就是一个相关运算的过程，从时域、频域两个维度同时进行相关运算，快速搜索到最接近的时域、频域位置。上述整个过程在 2.4.3 节中有详细的解析。

3.1.4　相关运算在 CNN 中的应用

CNN 中第一个阶段的卷积运算就是相关运算的典型案例。CNN 卷积层的典型结构如图 3-1 所示。

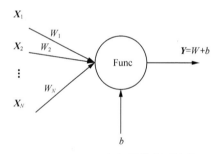

图 3-1　CNN 卷积层的典型结构

在图 3-1 中，b 对应静态偏置，W 对应加权系数，X 是输入信号，Y 是输出信号，这是通常的解释。换个角度来看，不同的 W 对应不同 Y 值，即用 W 来提取 X 里面与某个 W 最接近的特征值，这是一个相关运算过程。通常被称为卷积层。CNN 的卷积层有若干个图 3-1 所示的神经元，不同的神经元对应的 W 是不同的，也就是说输入向量 X 会同时与不同 W 的神经元进行卷积，从而得到不同的输出向量 Y。

3.1.5　思路扩展

我认为，FFT 运算也是一种相关运算。当 FFT 运算的对象是一个单频信号时，旋转因子与其频率最接近的那组变换结果与其他结果相比会呈现出一个单峰值。后面我会单独解析 FFT 运算，在此不再赘述。

为什么相关运算会有这么广泛的应用呢？背后的原理又是什么呢？

从通信系统的角度来看，通信的目标是要传达信息。在每一次通信开始前，接收方不知道发送方发送的是什么，所以接收方需要猜测，或者说估计。这种估计实际上就是一种相似性的比较，根据比较的结果进行判断和决策。相关运算就是进行相似性比较，通过此方法可以解决通信系统中各种信号估计问题，因此相关运算才得以广泛应用。其他相似性比较，如 Viterbi 序列相似性比较，也被应用在通信系统的接收机中，它主要被应用在解码方面，具体的算法过程与相关运算不同。

应用在各个方面的相关运算在具体实现上又存在细微差别，如相关的长度、维度不同。如果长度对应着时间的采样，说明信号在时间维度有记忆，有着不同时间长度的相关特征，如语音处理中的线性预测编码（LPC）处理、GSM 中的信道估计、CDMA 中的解扩运算等。如果长度对应着空间的采样，说明信号本身有着空间维度的扩展，有着同一时间维度而不同空间维度的相关特征，如 LTE 系统中 MIMO 信号的信道均衡运算等。

相关运算在神经网络里的应用又是怎么回事呢？例如在 CNN、递归神经网络（RNN）中主要用来解决什么问题呢？

神经网络有训练和检测两个过程。

（1）训练过程

训练过程指的是我们用众多样本对神经网络本身的参数，如前所述的 W，进行训练得到适应某种应用的参数集。这个过程对于通信系统里面的应用而言相当于建立了已知特征阵列。

（2）检测过程

检测过程指的是输入的被检测样本与前面训练得到的已知特征阵列进行相关运算，能够得到它们之间的相似性估计结果，从而进行分类的判断，这个过程又被认为是推理过程。

CNN 的原理就不在此论述了，相关运算在 CNN 中主要被用于处理没有上下文的单个信息，如单张图片的识别；而在 RNN 中主要被用于处理需要上下文的信息，如一串语音或者文字的识别。

CNN 和 RNN 的第一步运算都是相关运算。如前所述，输入信息与网络的卷积层进行相关运算会得到不同的特征阵列。在训练过程中，卷积层的系数阵列是在训练过程中通过观察损失函数的误差变化而逐步收敛的。在推理过程中，卷积层的系数则不会发生变化，用来与输入信息进行相关运算，再进行特征提取。

结合 GPS 信号处理中的相关运算，补充一点，即在进行 GPS 接收机的捕获与跟踪的

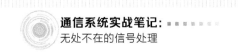

时候，相关运算的过程可以被看作是一个滤波的过程，当接收信号与本地存储的卫星序列同相叠加的时候可以将最接近的信号提取出来，其他的信号则成为白噪声。因此，一个有限冲激响应（FIR）滤波的数学公式与相关运算的数学公式是完全一样的。

于是我们可以联想到在 CDMA 系统中，滤波的系数就是伪随机噪声（PN）序列。PN序列的频谱虽然宽，但它的滤波过程是严格要求时间同步的，对应到码片的采样点上也可以说采样点相位同步。所以只有当接收到的信号包含本地相关的 PN 序列，且采样点相位完全同步的时候，才可以通过相关运算将接收机里的窄带信号提取出来。

说到这里，读者可能会发现，我在混淆相关运算与卷积。没错，对信号进行处理即是对用符号代表的信号物理量进行数学运算，各种概念是彼此相通的，而且卷积和相关运算在数学上就是一个简单的变换。

3.2 FFT：不仅仅是时频变换

FFT 的影响力很大，它曾经是网络流传的十大最具影响力经典算法之一。我在上大学的时候，学到 Z 变换、离散傅里叶变换（DFT）、时域、频域等概念，记下了诸多数学公式，对于它们的物理含义的理解可以说是只停留在表面理解阶段。后来基于多年工程开发的反复思考，我逐步对它们有了较为清晰、深入的理解。

首先介绍一下时域和频域的概念。

我们经常说的时域、频域和时频转换，它们究竟有什么物理含义呢？

时域和频域在 2.1 节中已经讨论过，在此不再赘述。通过 FFT，通信系统获得了多一个维度的资源，它们为更加复杂的通信系统设计和分析提供了依据和方法。其实，信号本身包含很多参数，从不同的维度可以发现不同的信号特征，就看从哪个角度进行信号分析可以更好地用其实现预期功能了。

FFT 也是一个滤波的过程，也就是说，$x(t)$ 信号经过 FFT 后得到 $X(f)$ 信号矢量组，这并不是说 $X(f)=x(t)$，只是说这是分别从两个角度来分析信号本身所具有的特征。而 $X(f)$ 信号矢量组中对应每一个 f 的结果就是原始信号 $x(t)$ 中对应 f 滤波的结果。滤波也好，相关也好，都是为了利用积分运算去除时间分量的影响，从而得到与某个频率合拍的特征值。

另外，我认为 FFT 也是一种相关运算。

观察 FFT 的运算过程，你会发现，其实 FFT 这个概念的产生是很自然的。

如公式（3-5），FFT 和相关的数学运算有相同的过程。在 FFT 运算中，对应常规的相关运算里面的已知序列是一组确定了基频的周期序列。

$$X(2\pi k / N) = \sum_{n=-\infty}^{\infty} x(n) \times e^{-j2\pi kn/N}, k = 0, 1, 2, \cdots, N-1 \qquad (3-5)$$

下面列举 3 个 FFT 应用的具体工程案例。

3.2.1　案例 1：GSM 中的频率控制块（FCB）信号的搜索

频率控制块（FCB）是 GSM 里面基站周期性发送的一组信号序列，终端可以通过搜索检测这组信号序列确定自己周围基站的身份和强度，并与基站建立时间和频率的同步。

搜索 FCB 是一个二维的搜索过程。它需要确定时间维度上是否有 FCB 的信号，也需要确定频率维度上有多大的频差。如果没有频差，则它只是一个单纯的一维搜索过程。

> **注意**：2G、3G、4G、5G 及其他任何一个无线通信系统，终端与网络建立同步的初始过程都是从二维的搜索过程开始的。

GSM 搜索的主要参数如下。

（1）搜索的频率范围：5kHz。

（2）搜索的频率精度：500Hz。

如果终端与基站的频差为 500Hz，GSM 的符号速率是 270kbit/s，则 GSM 中相邻两个采样符号相差 $0.5/270 \times 360 = 0.667°$。如果终端与基站之间的频差为 5kHz，则 GSM 中相邻两个采样符号相差 $5/270 \times 360 = 6.667°$。

按照最大 5kHz 的频差考虑，将相邻的 N（$N < 13$）个符号线性叠加，也可以满足同一个象限内的一个矢量叠加过程。DFT 运算示意如图 3-2 所示，8 个相邻的符号直接矢量叠加，也是同一个象限内的矢量叠加，幅度虽然没有完全同相叠加的幅度那么大，但是也没有任何反相抵消的情况出现。

对基本搜索过程的描述如下。

（1）每接收半个 Burst 的数据处理一次。

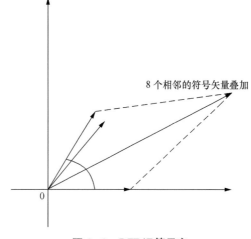

8 个相邻的符号矢量叠加

图 3-2　DFT 运算示意

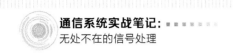

注意：在 GSM 中，一个 Burst 的长度是一个帧时长为 4.615ms 的物理帧除以 8，即 4.615ms/8=577μs，包含 156.25 个采样符号，半个 Burst 对应 78 个采样符号。

（2）对当前新的半个 Burst 的数据进行去直流操作。直流可能是 RF 电路存在的载波泄露等因素引入的，没有任何信息量，是一种干扰，去掉直流后的信号更准确。

信号 input 中的直流分量 DC.r 如公式（3-6）。

$$\text{DC.r} = \frac{1}{N}\sum_{i=0}^{N-1}\text{input.r}[i], \text{DC.i} = \frac{1}{N}\sum_{i=0}^{N-1}\text{input.i}[i] \tag{3-6}$$

去除信号 input 中的直流分量的表达式如公式（3-7）。

$$\text{Input.r}[i] = \text{input.r}[i] - \text{DC.r}, \text{input.i}[i] = \text{input.i}[i] - \text{DC.i} \tag{3-7}$$

（3）预旋转处理。GSM 基站发射端有一个旋转的处理，接收端需要先去掉已知的旋转因子，这样理论上没有干扰变形、没有频差旋转变形的信号就会同相了。

旋转信号 input 到同一象限的表达式如公式（3-8）。

$$\text{inputo}[i] = \text{input}[i] \times j^{-n} \tag{3-8}$$

上述算法可以描述成代码示例 3-1。

代码示例 3-1 预旋转处理过程

```
For（i=0;i<Length/4-1;i++）
{
        Inputo[i*4+0].r= Input[i*4+0].r;
        Inputo[i*4+0].i= Input[i*4+0].i;
        Inputo[i*4+1].r= Input[i*4+1].i;
        Inputo[i*4+1].i=-Input[i*4+1].r;
        Inputo[i*4+2].r=-Input[i*4+2].r;
        Inputo[i*4+2].i=-Input[i*4+2].i;
        Inputo[i*4+3].r=-Input[i*4+3].i;
        Inputo[i*4+3].i=Input[i*4+3].r;
}
```

（4）对预旋转处理之后的数据，每 8 个信号进行线性叠加，每半个 Burst 的数据得到 9 个点。

叠加公式如公式（3-9）所示。

$$\text{Ins.r}[k] = \sum_{i=8k}^{8k+8-1}\text{inputo.r}[i], \text{Ins.i}[k] = \sum_{i=8k}^{8k+8-1}\text{inputo.i}[i] \tag{3-9}$$

（5）如公式（3-10）～公式（3-15）所示，对半个 Burst 的共 9 个点的数据一起进行 DFT 处理，DFT 的频率精度按照 0.5kHz 来设计，对应每 8 个符号的相位 $2\pi f \times 8t$=5.336°，得到 21 个 DFT 的结果。找出这 21 个 DFT 平方值结果中的最大值 Freq_index 对应的信号能量并作为信号功率，再通过公式（3-13）～公式（3-15）计算得到噪声功率，求取其 SNR。

DFT 运算如公式（3-10）～公式（3-12）所示。

$$\mathrm{Indft}[n]=\sum_{k=0}^{7}\mathrm{ins}[k]\times\mathrm{e}^{-\mathrm{j}0.0093nk},\ n=-10,\cdots,10 \tag{3-10}$$

$$\mathrm{signal\_pwr}=\max\left[\left(\mathrm{indft}[n].\times\mathrm{conj}\left(\mathrm{indft}[n]\right)\right)\right] \tag{3-11}$$

$$\mathrm{Freq\_index}=\mathrm{index}\left\{\max\left[\mathrm{indft}[n].\times\mathrm{conj}\left(\mathrm{indft}[n]\right)\right]\right\} \tag{3-12}$$

噪声功率的计算如公式（3-13）～公式（3-15）所示。

$$\mathrm{inss}[k]=\mathrm{ins}[k]\times\mathrm{e}^{-\mathrm{j}0.093\times\mathrm{Freq\_index}\times k},\ k=0,\cdots,8 \tag{3-13}$$

$$\mathrm{mean\_inss}=\mathrm{mean}(\mathrm{inss}) \tag{3-14}$$

$$\mathrm{Err\_pwr}=\sum_{k=0}^{7}(\mathrm{inss}[k]-\mathrm{mean\_inss})^2 \tag{3-15}$$

$\mathrm{e}^{-\mathrm{j}0.093nk}$ 是一张 9×21 的常数表，如表 3-1 所示，$n=x$ 和 $n=-x$ 只是虚部取反的运算，$n=0$ 和 $k=0$ 这一行和这一列可以省略。因此，整个表格可以用一张 8×10 的常数表来代替。

表 3-1　8×10 的常数表

	$k=1$	$k=2$	$k=3$	$k=4$	$k=5$	$k=6$	$k=7$	$k=8$
$n=1$	32626 3043i	32203 6060i	31501 9024i	30527 11910i	29289 14694i	27798 17350i	26066 19857i	24110 22192i
$n=2$	32203 6060i	30527 11910i	27798 17350i	24110 22192i	19590 26267i	14394 29437i	8702 31591i	2710 32656i
$n=3$	31501 9024i	27798 17350i	21945 24335i	14394 29437i	05731 32263i	-3376 32594i	-12221 30404i	-20122 25862i
$n=4$	30527 11910i	24110 22192i	14394 29437i	2710 32656i	-9345 31407i	-20122 25862i	-28146 16779i	-32320 5401i
$n=5$	29289 14694i	19590 26267i	5731 32263i	-9345 31407i	-22437 23882i	-30763 11285i	-32558 -03708i	-27438 -17914i
$n=6$	27798 17350i	14394 29437i	-3376 32594i	-20122 25862i	-30763 11285i	-32072 -6716i	-23652 -22679i	-08056 -31762i
$n=7$	26066 19857i	8702 31591i	-12221 30404i	-28146 16779i	-32558 -03708i	-23652 -22679i	-5071 -32373i	15583 -28825i
$n=8$	24110 22192i	2710 32656i	-20122 25862i	-32320 5401i	-27438 -17914i	-8056 -31762i	15583 -28825i	30987 -10655i

续表

	$k=1$	$k=2$	$k=3$	$k=4$	$k=5$	$k=6$	$k=7$	$k=8$
$n=9$	21945 24335i	−3376 32594i	−26466 19321i	−32072 −6716i	−16491 −28316i	9984 −31210i	29864 −13487i	30015 13146i
$n=10$	19590 26267i	−9345 31407i	−30763 11285i	−27438 −17914i	−2043 −32704i	24995 −21189i	31929 7369i	13181 30000i

（6）得到的 SNR 与门限值对比，如果满足条件，则可确定 FCB 的基本时间位置和频差。

（7）当实际信号出现的频差与表 3-1 假设场景刚好差 250Hz 的时候，很难按照上述方法找到 SNR 满足条件的结果。我们可以将数据先按照 250Hz 预旋转后，再按照上述第（3）步到第（6）步步骤进行搜索。如果找到的 SNR 满足门限值，且比上一个步骤得到的 SNR 更高，则搜索到的频差结果是要减去 250Hz 的。

在前 6 步的基础上对上一次接收的半帧从后向前逐点重复上述第（4）步和第（6）步，直到找到与门限值对比不满足条件的点，则此点对应 FCB 的开始时间点。

通过描述，不难理解用 DFT 或者 FFT 方法来进行频率的搜索其实就是用不同频率的正弦波信号与接收信号进行相关运算，然后找出其中相关性最大的那一个频率。

通过大量的实地采集数据分析发现，将步长设定为 500Hz，以 500Hz 的步长来进行频率搜索，某些时候相关峰可能不够明显，导致找不到信号。如果加大步长，按照 1kHz 的步长来进行频率搜索，将搜索范围扩大到 10kHz，则相关峰会更加明显，但是需要在第一轮找到的相关峰附近进行二次频率搜索。二次频率搜索可以按照 100Hz 的步长来进行，这样频率精度才可以满足后面解调的需要。这种两层搜索的做法既能够覆盖比较大的频差范围，又能够更精细地对准收发双方的绝对频率值，所以能够提高捕获的成功率。在多个强干扰的环境下测试这个算法，结果也是不错的。

3.2.2 案例 2：GPS 信号的捕获

GPS 信号的捕获采用 FFT 算法。

在用 FFT 进行 GPS 信号搜索的时候，截短的信号处理依旧要考虑数字域处理时的相位连续问题。对截短的信号进行 FFT，相当于对原始信号进行了周期的拓展，而前后衔接的地方则会出现相位不连续的情况。

1. 问题的引入

对 GPS 信号进行捕获，由于时频搜索的相关运算的运算量太大，时域的卷积可以

通过频率的乘积来实现，而频率乘积比时域卷积的运算量少了几个数量级，于是采用
FFT 算法把信号变换到频域，然后以点乘替代时域的卷积来实现相关运算。如果用卷积运算来完成 24 颗卫星的 ±10kHz 的频率范围的信号捕获，对于 1ms 的数据需要进行
1023×1023×24×21=527450616 个乘加运算。如果用 FFT 运算来实现这个过程，需要进行 2048×10×（21+24）+1024×21×24+2048×10×21×24+1024×21=11781120 个乘加运算，甚至更少。FFT 的运算量只需要卷积运算量的 1/40，运算量减少是非常明显的。理论上，数据序列、频率序列和扩频码序列 3 个序列的相关运算，任何两者可以先相乘，如数据序列与扩频码序列先相乘，相乘后得到的结果与另一个序列进行 FFT，再进行
IFFT 即可得到相关峰。而在仿真的过程中经常会出现 3 个相关峰的多峰现象，如图 3-3 所示，基本上是在最大的相关峰两侧，间隔 1kHz 左右的地方会再出现两个很明显的相关峰。

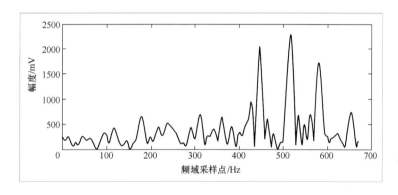

图 3-3　FFT 多峰现象示意

为什么会有这样的多峰现象出现？难道理论错了？

2. 问题分析

用 FFT 的方式进行相关运算相当于对一个截短的序列进行了周期延拓，然后进行相关运算。在周期衔接的地方，周期延拓的信号如果序列本身的相位不连续，则会引入误差。而截短的信号长度为 1ms，所以在与中心偏离 1kHz 的位置会出现两个多余的峰值。保证周期延拓信号的相位连续是解决多峰问题的关键。事实证明，理论并没有错，而是我最开始的理解太过肤浅。理解理论只停留在表面上的理解是不够的，还需要深入明晰理论真正表达的含义。相位连续在实际工程中很多地方都可能用到，如果相位不连续，则会在信号处理过程中引入不必要的噪声，在此不展开讨论。

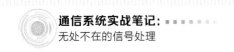

3. 尝试的解决方法

（1）数据序列与频率序列相乘后，再与扩频码序列通过 FFT 方法进行相关运算。用数据序列先乘频率旋转序列，之后的序列相当于去掉了频偏的数据序列，所以周期延拓的效果是在每毫秒的衔接处是相位连续的，然后与扩频码序列进行 FFT 相关运算，不会出现多峰。

（2）扩频码序列与频率序列相乘后，再与数据序列通过 FFT 方法进行相关运算。用扩频码序列先乘频率旋转序列，形成一个新的数据序列，周期延拓的效果是在每毫秒的衔接处存在相位不连续点，而原始数据本身也存在相位不连续点，这两个序列通过 FFT 方法进行相关运算，则会在间隔 1kHz 左右的地方出现多峰。

（3）将上述两种算法里参与运算的序列都补齐一半的零，然后进行 FFT 相关运算。这样就引入了相位不连续点，且两种算法的效果基本等同，所以都会出现多峰。

（4）将上述两种算法里参与运算的序列多取一半的数据，而不是补零，然后进行 FFT 相关运算。这种方法与第（1）种算法得到的结果基本一致，但相关峰本身能量更突出。第（2）种算法依然存在多峰，但由于相关峰本身能量更突出，其他峰的能量相对而言被压制，使得 SNR 得以提高。

（5）先对 12ms 的数据序列、频率序列和扩频序列进行点乘后，再直接进行 10ms 长度的 FFT，实现相关运算。由于序列本身的长度远远超过了 1ms，在 1ms 衔接的地方肯定是相位连续的，所以这种方法不会出现多峰。

按照上面第（5）种方法来操作，效果肯定是最佳的，但运算量相对比较大；按照第（1）种方法来处理，效率最高，并且多峰问题基本得到了解决。

前面描述的方法适用于 1ms 的 GPS 信号处理。但是 GPS 信号的处理如果只用 1ms 的相关峰，接收机的灵敏度很难在 –140dBm 以下。将多个连续的 1ms 的 GPS 信号进行相干叠加，进一步获得更长序列的扩频增益才是提高灵敏度的关键。但是进行多个连续的 1ms 的 GPS 信号的相干叠加，也必须考虑相位的连续性。如图 3-4 所示，按照前述第（1）种方法处理后的信号还需要将每 1ms 的相关结果序列乘以对应旋转频率，经过 1ms 及多个毫秒之后的相位值之后，相邻不同毫秒的相关结果序列才可以相干叠加在一起，否则在不同长度的信号之间是存在相位差的，叠加的时候会产生很大的损失。注意这个相位值就是第（1）种方法中的数据点乘的频率基准对应时间长度的相位值，如图 3-4 中的 1kHz_1ms_pha、1kHz_2ms_pha、1kHz_3ms_pha、2kHz_1ms_pha、2kHz_2ms_pha、2kHz_3ms_pha 等。

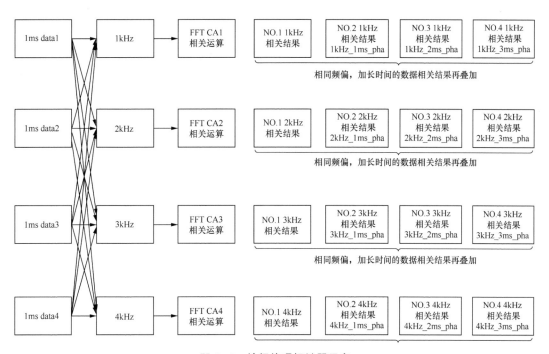

图 3-4　并行处理相关器示意

3.2.3　案例 3：LTE 的 FFT 应用

LTE 系统的基础是 OFDM，而 OFDM 系统的基础是时域信号与频率信号之间的数学变换。OFDM 系统中的接收机在接收到 RF 信号之后进行的第一个运算就是 FFT，发射机的最后一个基带信号处理运算是 IFFT，可见 FFT 运算是 OFDM 系统的基本数学运算。

这里讨论 LTE 系统的发射机中一个特别的案例。如公式（3-16）所示，发射链的基带信号生成有一个 $0.5\Delta f$ 的频率偏移，怎么利用 FFT 运算的特点来快速实现呢？

$$S_l^{(p)}(t) = \sum_{k=-\lfloor N_{RB}^{UL} N_{SC}^{RB}/2 \rfloor}^{\lfloor N_{RB}^{UL} N_{SC}^{RB}/2 \rfloor -1} a_{k^{(-)}}^{(p)} \times e^{j2\pi(k+1/2)\Delta f(t-N_{cp,l}T_s)} \tag{3-16}$$

本来在进行 IFFT 之前，如果不考虑这个 $0.5\Delta f$ 的频率偏移，在频域上每一个采样点对应间隔一个 Δf，经过 IFFT 之后得到时域信号。如果在得到时域信号后，再处理这个 $0.5\Delta f$ 的频率偏移，则需要对时域信号进行逐个点乘。这样做肯定是可以实现目标的，但是运算量比较大。

利用数学公式的特征，提高频域信号间隔频率的分辨率到 $0.5\Delta f$，然后进行 IFFT，则对应 IFFT 之后的时域信号的总时间长度扩展成了 $2T$。这样前 T 个时间长度的信号就是对应的时域信号了。但是每个 OFDM 符号都有一个循环前缀（CP），其一般是通过从一个符号 IFFT 结果的最后取一串采样点复制到此符号的最前面得到的。将频率分辨率调整

到 $0.5\Delta f$ 后，经过 IFFT 变换得到的信号应该怎么构成 CP 呢？通常对 $0.5\Delta f$ 进行 IFFT 之后得到 $2T$ 个时间长度的时域信号，但是实际只用了前面 T 个时间长度的时域信号，因此，取 T 个还是取 $2T$ 个时间长度尾部的信号来构成 CP 成为一个难题。进一步分析，这里进行了截取处理，即将基频 $0.5\Delta f$ 信号的前一半周期时域信号取出，它的尾部信号与最前面的信号相位并不是连续的，而是需要取反后成为 CP 信号加在信号前部。其实质是取 $2T$ 个时间长度的信号的尾部信号作为 CP。

由图 3-5 可以看到，当子载波只在奇数位置有能量的时候（图 3-5 第 1 行左图是实部，第一行右图是虚部），IFFT 的结果（图 3-5 第 2 行左图是实部，右图是虚部）得到的是长度为 4096 个采样点的非重复信号。之后第 3 行的左、右图表示从 IFFT 输出 4096 个采样点的最后位置取 144 点作为 CP，加上最前面的 2048 个采样点得到的信号，我们可以看到相位是连续的。第 4 行的左、右图表示从 IFFT 输出 2048 个采样点的最后位置取 144 点作为 CP，加上最前面的 2048 个采样点得到的信号，相位是不连续的。这就是利用 4096 个采样点的 IFFT 方法来生成偏移 $0.5\Delta f$ 的信号时尤其需要注意的地方。

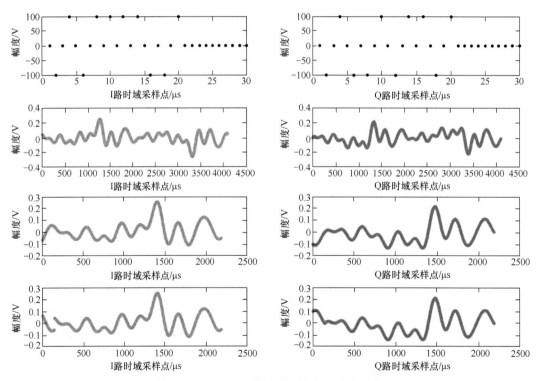

图 3-5　OFDM 奇数子载波的 IFFT 曲线示意

那么如果子载波有能量的位置是在偶数位置呢？ 以上变换得到的结果如图 3-6 所示。

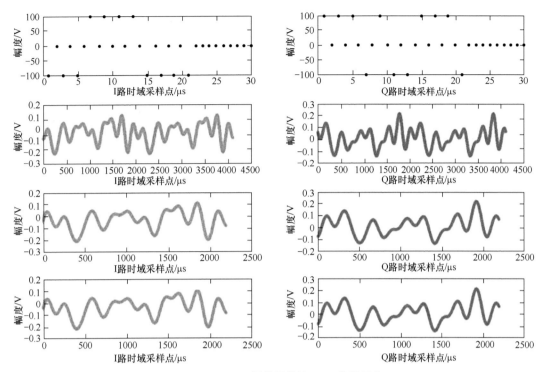

图 3-6 OFDM 偶数子载波 IFFT 曲线示意

如果子载波只在偶数位置有能量，则 IFFT 的结果是以 2048 个采样点为周期重复的，所以最后两行结果的相位都是连续的。这是为什么呢？

因为子载波只在奇数位置有能量和只在偶数位置有能量对应 IFFT 后的时域信号周期是不同的，一个是以 4096Hz 为基频，另一个是以 2048Hz 为基频，所以得到的结果不同。

以上仿真的 Matlab 代码如代码示例 3-2 所示。

代码示例 3-2 利用 4096 个采样点 IFFT 处理 1/2 子载波偏移问题

```
a=zeros(1,4096);
    for i=1:2:21
    tempr=rand();
    if(tempr>0.5)
        rr=1;
    else
        rr=-1;
    end

    tempr=rand();
    if(tempr>0.5)
        ii=1;
    else
```

```
            ii=-1;
        end
        a(i)=rr*100+sqrt(-1)*ii*100;
    end

    b=ifft(a);
        for i=1:1:4096+144
        index=i+4096-144;
        if index>4096
            index=index-4096;
        end
            c(i)=b(index);
    end

    for i=1:1:2048+144
        index=i+2048-144;
        if index>2048
            index=index-2048;
        end
        d(i)=b(index);
    end
end
```

如上所述，问题得到解决。需要注意的是，在时域增加 CP 的时候，需要将此处的 CP
从 4096 个采样点的尾部复制到最前面，而不是从截取的 2048 个采样点的尾部复制。上
面的仿真结果也已经说明了这样做的原因。这个问题的实质还在于理解 FFT、时域、频
域信号之间转换的物理含义。

> 系统工程师当初真的考虑到在工程实现中可以如此简洁地实现链路信号吗，还是
> 只是为了躲避载波泄露可能导致的干扰而设计的信号？

3.2.4 FFT 的电路结构

在通信芯片系统架构的评估过程中，FFT 算法根据其运算量需求决定是采用硬件加
速电路进行处理，还是采用可编程的处理器架构、软件来进行处理。

硬件加速电路一般包括几个电路模块。如图 3-7 所示，FFT 加速器由输入缓存、输
出缓存、蝶形运算单元和地址产生器组成。这样的硬件结构比较固定，算力主要取决于
蝶形运算单元的个数，以及输入 / 输出数据的速度。

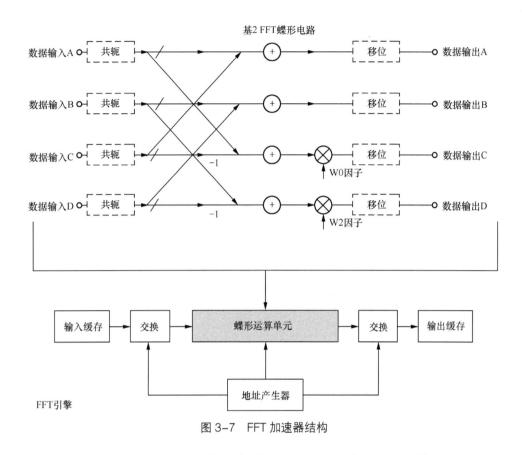

图3-7　FFT 加速器结构

可编程的处理器架构一般采用多个乘累加器（MAC）并行的电路结构。这个内核结构可以参考 5.1 节理解 MAC 的内容。对应的软件则是基于能充分把这几个 MAC 并行调度起来的算法实现的。可见，不是一个 FFT 的标准代码就可以自动适应各种不同的内核结构。最优的算法都是经过算法实现工程师在各个不同的内核指令集的基础上精心调试而产生的。

3.3　Viterbi：在卷积编码内外

前面提到的干扰与多径的问题是在通信系统中无法回避的问题。为了解决干扰和多径引起各种误码问题，在信道处理上采用了很多方法，其中一个就是编码。编码是用冗余的编码能量来避免通信中突发的错误，经常使用循环冗余码（CRC）、卷积编码、Turbo 编码等。如果说 CRC 的纠错能力很弱，那么什么编码的纠错能力很强呢？这里我们来说一下卷积编码。

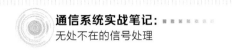
3.3.1　卷积编码与 Viterbi

卷积编码一般表达成 (n, k, K)，n 指的是每个时刻输出的比特数目，k 指的是每个时刻输入的比特数目，K 指的是卷积的长度。例如 $(2，1，3)$ 卷积编码利用图 3-8 所示的移位寄存器，选择叠加方案输出，把 1 位信息码扩展成 2 位，而原始信息码的能量分布到相邻的 3×2=6 个传输码字上面，图 3-8 中 $G1$ 和 $G2$ 是两个抽头方式的多项式表达，这样，码字在传输过程中的抵抗干扰能力就会增强很多。而对于卷积编码的解码一般采用 Viterbi 算法。

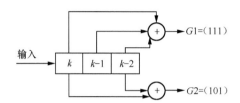

图 3-8　移位寄存器的卷积电路示意

Viterbi 究竟是一个什么样的算法，如何理解？

Viterbi 解码器的蝶形（Butterfly）结构是重点，如图 3-9 所示。

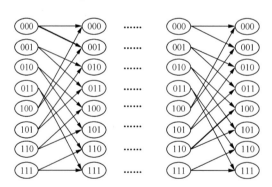

图 3-9　Viterbi 解码器的 Butterfly 结构示意

Viterbi 解码分为前向和回溯两个过程。前向过程主要关注移位寄存器中的每一个当前状态得到的输入信息、发生状态转移的过程、经过若干解码步骤累积到当前状态的权值是多少，并记录是从前面哪个状态转移过来得到的这个权值。回溯过程是从前向过程的最后一个步骤得到的权值（认为此权值为最大权值）的状态开始往前逐步推理，由最后一个权值推出倒数第 2 步对应的状态与权值，再推出倒数第 3 步对应的状态与权值，直到推理得到第一步的状态，从而得出完整的路径，以及对应这条路径的判决比特结果。

Viterbi 算法的前向过程的主要动作是加比选，它需要记录整个数据包长度的每一次状态转移的所有可能状态的累计权值及路径选择值，用于后续回溯使用，因此实现

Viterbi 算法需要比较大的缓存。用简洁通用指令实现 Viterbi 算法，运算效率比较低。如果需要加速实现 Viterbi 算法，则需要单独设计指令加速加比选过程或者使用硬件加速器直接完成前向过程和回溯过程。由于 Viterbi 算法结构单一，主要在循环调用 Butterfly 结构处理数据，因此，采用单独的硬件加速器来实现是大多数通信处理集成电路的首选做法。

3.3.2　信道均衡与 Viterbi

Viterbi 算法不仅仅被用在卷积编码的解码过程中，还被用在 GSM 的信道均衡中。此处补充均衡的基本概念，以便理解为何用这样的算法来进行均衡。

在实际的通信信道条件中，信号通过信道时往往会发生变形和能量的分散，如发生在时间 / 空间 / 频率上的分散和消耗。时间上的信号能量分散可能会导致时间相邻的信号之间产生干扰，空间上的信号能量分散可能会导致在空间分开的信号之间产生干扰，频率上的信号能量分散可能会导致在相邻频率上的信号之间产生干扰，即码间干扰。如果把这些分散的能量用一种方法聚集起来，那么既可以增加接收到的信号的能量，又能同时减少码间干扰，这种方法就是均衡。比较经典的案例是无线通信中接收机对多径信号的处理。如果接收端能有效地获得多径特征，分离这几条路径，则可以利用这个特征对接收到的信号进行均衡，把在相邻几条路径上分散的信号能量按照多径特征聚合起来，得到某个时刻应该具有的信号能量，从而将这些信号能量也从相邻的信号中扣除。注意，这样的过程只能减少一部分码间干扰，不能彻底清除。原因有两个，一是信道估计的多径特征本身不一定准确，存在误差，误差可能是幅度、相位及多径的数量有限；二是均衡过程也是一个测量估计的过程，存在各种误差，甚至会引入错误。

以 GSM 的均衡方法为例加深对均衡过程的理解。这里采用的是 Viterbi 算法，其巧妙之处在于用接收的 I 路信号和 Q 路信号的软信息替代了解码 Viterbi 算法中的二进制信息，累计的权值也是软信息而不是对应相同的比特个数。

如图 3-10 所示，Viterbi 均衡算法的关键结构也是 Butterfly 结构。在均衡过程中，每个节点的状态数目为 2^l，l 是信道估计的 TAP（抽头）数，例如信道估计的 TAP 数 $l=5$，那么节点的状态数目就是 32。其中，每一个分支的度量 =（这个状态的和信道的自相关函数的卷积 – 接收符号与信道共轭的卷积）× 输入符号对应值，用数学公式表示如公式（3-17）～公式（3-20）。

$$BM(n) = -2 \times a(n) \times \left\{ Z(n) - F\left[S(n-1)\right] \right\} \tag{3-17}$$

$$Z(n) = \sum_{l=0}^{L-1} r(n-l) \times h^*(l) \tag{3-18}$$

$$F\big(S(n)\big)=\sum_{n=0}^{L-1}a(n)\times A(n) \tag{3-19}$$

$$A(n)=\sum_{l=0}^{L-1}h(l)\times h^*(l-n) \tag{3-20}$$

其中 A 是信道自相关向量，F 是输入符号和信道矩阵的卷积，Z 是接收符号与信道共轭的卷积，BM 则是每个分支的度量，a 是输入符号，r 是接收符号。

每一个时间节点的每个状态对应的度量 = min(前一个时间节点的度量 + 到达此时间节点的此状态的分支度量)。如图 3-10 所示，因为每一个时间节点的转移都只涉及一个输入符号的软信息判决，所以 min 后面的括号里面只会有两个数值的比较，然后取最小值。

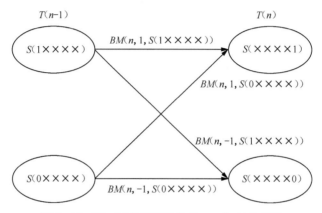

图 3-10　Viterbi 均衡算法的 Butterfly 结构示意

用公式（3-21）表达图 3-10 度量如下。

$$M\big(n,S(n)\big)=\min\Big\{M\big[n-1,S(n-1)\big]+BM\big[n,a(n),S(n)\big]\Big\} \tag{3-21}$$

此时间节点对应的判决符号软信息 = 所有输入 1 的分支得到的最小误差度量值 − 所有输入 −1 的分支得到的最小误差度量值。用公式（3-22）表达如下。

$$Q(n)=\min\Big\{M\big[n,S(n),1\big]\Big\}-\min\Big\{M\big[n,S(n),-1\big]\Big\} \tag{3-22}$$

因为在前向过程中已经求取了每一个时间对应的符号软信息，所以 Viterbi 均衡算法只有前向过程，没有回溯过程，这与 Viterbi 解码必须判决硬比特是不一样的。

均衡算法对应的是物理层的符号级信号处理，得到软信息之后，一般还需要经过 Viterbi 的解码过程得到比特级处理的结果，构成一个完整的物理层处理过程。

此部分与第 2 章的相关运算遥相呼应，还是回归到那一点，通信的实质是在进行最大似然判决。发送方发送的信息经过传输到达接收方，接收方检测接收到的这些信息以最大可能性来进行判决，判断出发送方的信息。相关算法、Viterbi 算法、回声判断的 LMS 算法都是要实现这个目标，只不过针对不同的信号形态采用不同的算法。

3.4 CRC：循环冗余很有必要

在通信系统中，通信双方交换信息需要有一个机制来保证内容的正确性和完整性，对于一个通信数据包来说，可以用 CRC 来实现这个功能。CRC 可以进行误码检测和完整性校验，但究竟什么是 CRC，怎么计算 CRC，它的检错能力由什么来决定呢？

CRC 本来属于编解码的讨论范畴。但在物理层的信号处理后，一般会有 CRC 的处理，所以在这里对它进行简单讨论。

CRC 是根据生成多项式得到的，对于不同长度需要校验的信息包，可以采用不同长度的生成多项式，其长度也决定着 CRC 的检错能力。例如，LTE 系统中有 CRC16 和 CRC24，分别是 16 位的 CRC 和 24 位的 CRC，它们可应用于不同的场景。CRC16 用于物理层控制信道的校验，CRC24 用于业务流数据包的校验。

CRC16 的生成多项式如下。

$$g_{CRC16}(D)=[D^{16}+D^{12}+D^{5}+1]$$

CRC24 的生成多项式如下。

$$g_{CRC24A}(D)=[D^{24}+D^{23}+D^{18}+D^{17}+D^{14}+D^{11}+D^{10}+D^{7}+D^{6}+D^{5}+D^{4}+D^{3}+D+1]$$

$$g_{CRC24B}(D)=[D^{24}+D^{23}+D^{6}+D^{5}+D+1]$$

有了生成多项式，计算 CRC 的过程就是进行除法运算。举个例子，用上述 CRC16 的生成多项式通过除法计算一个数据包的 CRC。

从代码示例 3-3 可以看到，除法运算就是移位与异或的过程。经过此运算后得到 CRC，CRC 被加在被校验的数据包后面，传输到接收方后，接收方经过相同的运算校验 CRC 是否能正确进行检错，或者得到出错比特的位置进行纠错。如果 CRC 错误，则认为此数据包有错，接收方用 NAK（否定应答）通知发送方进行重传；如果 CRC 正确，则接收方用 ACK（肯定应答）通知发送方通信成功。这个过程比较容易理解。

代码示例 3-3 CRC 生成原理

```
CRC = 0;
for ( j = 0; j < bit_count; ++j )
{
        temp = data_in& 0x80000000;
        Data_in= data_in<< 1;
        CRC ^= temp;
        If ( CRC & 0x80000000 )
        {
            CRC = ( CRC << 1 ) ^ G_CRC16;
```

```
        }
        else
        {
            CRC = CRC << 1;
        }
    }
```

事实上，即使 CRC 正确，数据包依然存在出错的可能性。这是因为出错数据包的错误超过了 CRC 码字可以检错的能力范围。例如，如果有 22 个信息位，10 个 CRC 校验位，则信息包可能有 2^{22} 种，校验位可能有 2^{10} 种，也就是说 2^{12} 种信息包可能会对应着同一种校验位，那么当发生错误的信息包正好在同一种校验位对应的 2^{12} 种信息包之间，那么 CRC 校验不能发现错误，无法识别错误的信息包。所以在进行通信系统设计的时候，需要考虑根据数据包的不同长度相应有不同长度的 CRC。决定检错能力的关键在于同一个 CRC 码字，2^{12} 种可能的信息位取值之间最小的码距是多少，码距定义为两个码字的不同比特位的个数。最小码距越大，则 CRC 的检错能力越强。此外，一个大数据包会被分成若干个小数据包，每个小数据包均会有 CRC，而将它们合并成一个大数据包还会有一个更长的 CRC，以提升检错能力。

CRC 编码也有一定的检错能力，但纠错能力有限，而实际场景在发生错误时，大多数都是一个包中若干个比特都出错，所以现在很少使用 CRC 检错。以前面的例子说明，22 个信息位中有一个信息位出错，其实都对应着相应的 CRC 码字的一个错误图案。例如，bit21 出错，相当于 0x200000 除以生成多项式的余式应该被异或而没有被异或，或者不该被异或反而被异或了，这样的错误图案会通过接收方得到的 CRC 余式与接收到的发射方发出的 CRC 余式异或而得到。如果对比结果是这个余式，则说明错误就发生在 bit21。但是往往出错的比特较多，这样的通过错误图案比较也存在很大的错误概率，所以我们很少使用这种方式进行检错。

3.5　信道估计与均衡：通信接收机必备

在 LTE 系统中采用了 MIMO 技术进行多天线收发。由于天线之间的物理位置差异，收发双方通过多根天线之间的位置关系产生了多种收发路径效果，如果多种路径效果最终能很有效地结合起来互相弥补不足，则可以达到更好的传输效果。

如图 3-11 左图所示，单天线发送和双天线接收到的信号是不同的，主要原因是信号传播路径不同。不同信号的传播路径可以通过接收到的参考信号来进行估计。两个接收天线有着不同的 RF 接收通路,其后面连接不同的信号处理单元,两路信号被分别在不同的信号处理单元进行均衡处理,然后把经过均衡处理的信号叠加在一起,获得分集接收的增益。具体地说,接收通路 1 根据接收到的参考信号进行信道估计,得到的每一个时频符号对应信号的相位和幅度构成信道估计结果,接收通路 1 接收到的参考信号与这个信道估计结果相除,则得到了均衡的结果。接收通路 2 的过程也是如此。对两路均衡结果分别进行 SNR 评估,得到各自的均衡结果的质量评估。合并的时候希望获得合并的增益,可根据质量评估结果进行加权叠加,而不是简单叠加。怎么进行质量评估呢? 一般需要对信号的 SNR 进行估计,此处的信号功率可以用均衡后信号的星座点的均值平方来表示,而所有星座点与均值之间的误差向量均方差表示噪声平均功率。SNR 高的均衡信道会获得更高比例的合并权值。当然,这是从统计概念上获得最优解的一种方法,对于微观的每一个原始信号的符号而言,并非最优解。

如图 3-11 右图所示,对于双天线发送,不同的发射天线有单独的参考信号时频位置。单天线接收到所有的信号,可以估计出不同发射天线到接收天线的信号传播路径,对两路传播路径分别进行均衡可以评估不同路径的均衡结果的质量,再进行最大增益的合并。

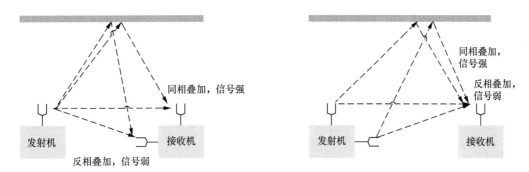

图 3-11　多天线收发示意

采用这两种方式都可以获得多天线的分集增益。可以进一步推广,如果是多天线发送、多天线接收,那么需要对多路进行分别处理与合并,从而获得更多的增益,以承载更多的空分复用的流量。例如,双天线发送不同的信号 $T1$ 和 $T2$,双天线接收了 $R1$ 和 $R2$。如公式(3-23)所示,通过信道估计可以得到从发送天线 1 到接收天线 1 的信道 $H11$,从发送天线 1 到接收天线 2 的信道 $H12$、从发送天线 2 到接收天线 1 的信道 $H21$、从发送天线 2 到接收天线 2 的信道 $H22$,那么未知的两路发射数据 $T1$ 和 $T2$ 可通过解析方程组得到,从而提高整个系统的吞吐量。

$$R1 = T1 \times H11 + T2 \times H21$$
$$R2 = T1 \times H12 + T2 \times H22$$

(3-23)

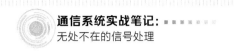
$$R1 \times H22 - R2 \times H21 = T1 \times H11 \times H22 - T1 \times H12 \times H21$$

$$T1 = \frac{R1 \times H22 - R2 \times H21}{H11 \times H22 - H12 \times H21}$$

$$T2 = \frac{R1 \times H12 - R2 \times H11}{H21 \times H12 - H22 \times H11}$$

其中，对于每个时频符号，通过信道估计即可得到对应的 $H11$、$H12$、$H21$、$H22$。在 LTE（OFDM）系统中，信道估计主要有两个方面：一是通过带参考信号（RS）的符号在频域上的线性内插获得这个符号整个频域的信道；二是通过带参信号的符号在时域上的线性内插而获得整个时域的信道。

如公式（3-24），对于带参考信号的时频符号，可以先计算得到信道估计结果 H_{rs}。不同的发送天线和接收天线对应的信道都可用类似的方式得到。然后通过在频域上的线性内插和在时域上的线性内插而得到其他时频符号的信道估计结果。

$$\begin{aligned} R_{rs} &= T_{rs} \times H_{rs} \\ H_{rs} &= R_{rs} / T_{rs} \end{aligned} \tag{3-24}$$

线性内插示意如图 3-12 所示，实际工程在实现的时候是在复数域中进行运算的，需要考虑运算本身带来的损失。例如，两个相邻参考信号之间需要内插两个信道估计结果，相当于取两个参考信号之间的 1/3 的位置和 2/3 的位置。这里的 1/3 位置和 2/3 位置既代表相位距离，又代表幅度距离。通常为了减少运算量，如图 3-12 左图所示，直接用直线距离进行计算。实际存在较大的时延，频域存在较大的旋转角度，这时会有比较大的误差，如图 3-12 右图所示。

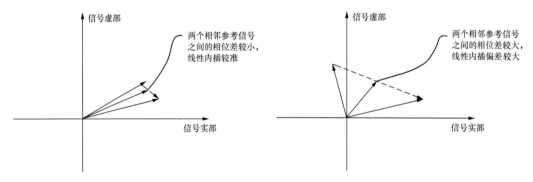

图 3-12　线性内插示意

时延是在时域同步时引入的。由于 CP 有几个微秒的时间长度，理论上一个符号的起点落在 CP 内部，然后取一个周期（2048 个采样点）的采样点进行 FFT，都能得到所有子载波的整周期信号。这个原理没有问题，但是一个完整周期的符号的相位零点实际上是在 CP 尾部对应一个符号的起点。起点偏离这个位置越远，则在频域上引起的相位的旋转现象越严重。

从公式（3-25）可以看出，时域上的时延 n 相当于出现的偏差，则对应出现的不同 f 存在累计相位。f 越大，相位偏差越大。可以推出，在频域上固定出现的一个相位差相当于一个固定频差，即在时域上出现一个不同的相位差，这也是在时域上进行频差补偿的理论基础。

$$X(f) = \sum_{n=0}^{N-1} x(n) \exp(2\pi fn / N) \qquad (3\text{-}25)$$

同理，根据公式（3-25）可以通过 RS 的信道估计结果、不同频率的相位差反推出时域的同步点具体的方法描述如下。

（1）RS 的信道估计结果根据公式（3-25）得到。

（2）相邻信道估计结果均间隔 3 个子载波，根据相邻两个信道估计结果的相位差得到 3 个子载波频差对应的相位差。

（3）对整个带宽的相位差取平均值。

（4）根据公式（3-26）计算得到时延。

$$\Delta\varphi = 2\pi \times 3\Delta f \tau$$
$$\tau = \Delta\varphi / 2\pi \times 3\Delta f \qquad (3\text{-}26)$$

如上所述，在工程中计算得到 τ，则可以通过用 τ 调整时钟计数器来进行同步接收，具体调整时钟计数器跟踪同步的方法参考 2.4 节；也可以对后续 FFT 采样点的起点进行相应调整，越靠近一个符号的起点，对于后续 MIMO 的计算越有利。

3.6 信号成形滤波：信道的带宽总是有限的

在 SCDMA 终端的发射链的最后一个环节，我们用软件对信号进行成形。为什么要对信号成形呢？如何进行成形滤波呢？SCDMA 系统是一个扩频通信系统，如果直序扩频的信号不进行滤波，该信号直接进入 RF 的调制器会产生非常多的杂波，这都会对相邻信道产生干扰。成形滤波根据 RF 带宽的需求设计，直序扩频后的信号序列通过成形滤波器得到一个相位连续而带宽受限的信号，抑制相邻信道的干扰。根据通信原理有了带宽的需求和采样率之后，就可以得到成形滤波器对应冲击响应的时域序列了，这样成形滤波器的设计就完成了。如图 3-13 所示，采用 Sinc() 函数（抽样函数）滤波器来举例说明。其中第 1 张图是 Sinc() 函数的波形，第 2 张图是相邻两个比特都是 +1 的波形，第 3 张图

是相邻两个比特是 +1、−1 的波形。

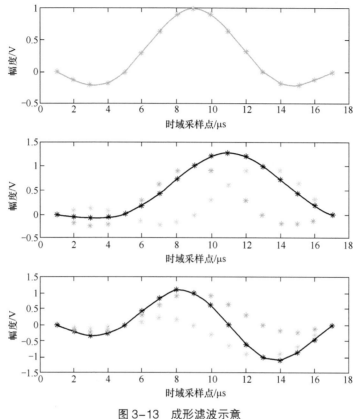

图 3-13　成形滤波示意

由于 Sinc() 函数在符号周期倍数的时间点都是 0，因此，接收机和发送机可以很好地实现时间同步，相邻的比特不产生符号间干扰。图 3-13 展示的是对 1 比特的数据进行 4 倍过采样的扩展案例，图中的 4 个采样点对应 1 个比特数据的符号周期 T。Sinc() 函数滤波器将一个矩形宽度为 T 的比特波形扩展到宽度为 $2T$ 的 Sinc() 函数波形，信号频谱得到很好的限制。上述处理使信号经过带宽受限的信道时不会引入畸变。

信号成形的过程就是直序扩频的序列通过滤波器的过程，也就是卷积的过程。需要注意的是，采样率可能是码片速率的 4 倍或者 2 倍，所以码片序列需要扩展到对应的采样率序列之后才能与滤波器的时域序列进行卷积。采样率扩展在数字信号处理上就是简单复制相邻的符号。

最后一个环节可能还需要考虑频差的补偿处理。因为 SCDMA 系统是同步 CDMA 系统。基站接收到的来自多个终端的信号在时间上是完全重叠的。如果在终端发送信号之前不处理好频差，那么到达基站的多个终端的信号会因为存在频差而互相之间形成较大的干扰。

$$\cos 2\pi\Delta f n / N = \cos 2\pi\Delta f \left(n-1 \right) / N \times \cos 2\pi\Delta f / N - \sin 2\pi\Delta f \left(n-1 \right) / N \times \sin 2\pi\Delta f / N$$

$$\sin 2\pi\Delta f n / N = \cos 2\pi\Delta f \left(n-1 \right) / N \times \sin 2\pi\Delta f / N + \sin 2\pi\Delta f \left(n-1 \right) / N \times \cos 2\pi\Delta f / N$$

$$Sample\_r(n) = \cos 2\pi\Delta f n / N \times Sample\_origin\_r(n) - \sin 2\pi\Delta f n / N \times Sample\_origin\_i(n)$$

$$Sample\_i(n) = \cos 2\pi\Delta f n / N \times Sample\_origin\_i(n) + \sin 2\pi\Delta f n / N \times Sample\_origin\_r(n)$$

（3-27）

频差处理的算法如公式（3-27），其中 Δf 是频差，$\cos 2\pi\Delta f n/N$ 和 $\sin 2\pi\Delta f n/N$ 是对应每个采样点频差会产生的累计相位差，$Sample\_origin\_r(n)$ 和 $Sample\_origin\_i(n)$ 是原始样值的实部和虚部，$Sample\_r(n)$ 和 $Sample\_i(n)$ 是修订之后的样值的实部和虚部，在 DSP 中，使用根据频差公式进行预校正的乘法运算即可。终端将经过频差预校正的信号再通过 RF 发射通路进行发射，将基站接收到的多个终端的信号叠加在一起，可以认为每个终端信号都没有频差，可直接用对应的 Walsh 码进行相关运算，再进行分离处理。

观察频差补偿运算的公式可以发现，频差补偿或者说跳频体现在数学运算上也是累计相位差的计算和修订，因为相位就是频率在时间上的积分。这一点很重要，在通信系统的设计、分析等很多地方都会用到。

3.7　语音处理与回声抵消：隐藏的英雄

在窄带通信系统，如 SCDMA 系统和 GSM 中，通信的主要目的是打电话，即语音通信。

由于语音信号的短时平稳性，一般都以 10ms 或者 20ms 为一帧进行压缩处理，对压缩处理后的语音包再通过信道进行传输。此处不对语音压缩处理的算法进行过多的描述，语音处理本身就是一门很复杂的学科。本节重点想讨论的是如何利用语音处理的算法巧妙地进行回声抵消的处理。在此之前首先还是需要介绍一下声码器（语音编解码器）的原理。

声码器对线性语音数据进行压缩，压缩是基于语音声学特征的分析得到的参数来进行的。例如国际电信联盟（ITU）的共轭结构的算术码激励线性预测（CS-ACELP）G.729 标准所描述的算法，原理框图如图 3-14 所示。

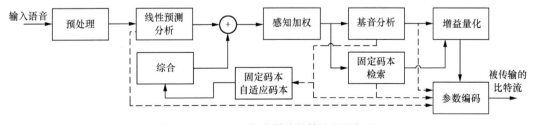

图 3-14　G.729 标准描述的算法原理框图

GSM 标准里的规则脉冲激励长期预测编码（RPE-LTP）的声码器原理框图如图 3-15 所示。

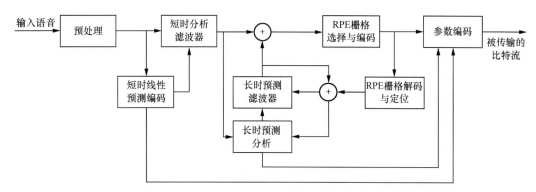

图 3-15　GSM 标准的 RPE-LTP 的声码器原理框图

虽然不同的声码器算法之间有差异，但是它们有着共同的特点，具体如下。

（1）压缩后的语音参数所占存储空间是原始 PCM 语音所占存储空间的 1/10，甚至更少。

（2）压缩后的语音参数含有这段语音所特有的特征，包括声源和声道的特征。

回声处理不仅与语音处理本身相关，还与经过的信道相关，如无线通信、有线通信是不同的。无论哪种信道，回声产生的时延都存在抖动，幅度也存在不确定性，整个回声系统是时变的，这正是回声处理的难点所在。随着 4G 的迅速发展、空中接口的传输带宽的增大及传输时延的降低，利用数据传输通道分组交换（PS）域直接传输语音，即使用 VoIP（IP 电话）技术已是必然。在移动设备上，语音质量是影响其设备销量的主要因素之一。VoIP 技术在移动设备上的使用由于 IP 网络本身存在的问题和声学回声的特征使声学回声的抵消存在难度。下面讨论一种利用 VoIP 技术本身的特点来设计的一种简化算法，用于检测回声位置，对声学回声进行估计测量。这个算法运算量极小，且能针对高时延的声学回声进行定位检测，不会带来移动设备中软硬件成本的变化，能给移动设备回声抵消带来较好的改善效果。

3.7.1　声学回声的形成

如图 3-16 所示，声学回声是声音从 SPEAKER（图中 S）发出后，遇到墙体等障碍物反射回 MIC（图中 M）而形成的。本章讨论的是移动设备，发声的主体在不停地移动，周围环境的反射物的位置也是不断变化的，回声形成路径随时可能发生变化，这正是声学回声抵消的难点所在。

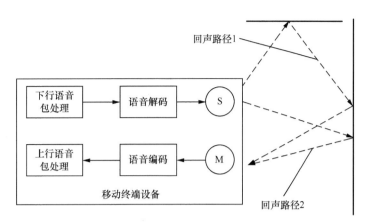

图 3-16　声学回声的形成示意

3.7.2　VoIP 的声学回声特征及处理的难点

IP 网络用于传输语音的时候存在的主要问题如下。

（1）时延高。

（2）时延不稳定，时延抖动大。

（3）回声能量波动大。

时延高和抖动大都给语音回声的处理增加了难度。例如需要缓存的语音数据可能会比较大，且很难定位回声所出现的位置。能量波动大，通过简单的能量比较很难准确判断。

3.7.3　利用声码器的参数进行回声检测

由于声码器压缩后的参数具有如前所述的两个特点，再加上 VoIP 上存在的高时延和时延抖动大的问题，考虑利用 VoIP 系统自有的声码器算法压缩后的参数来进行回声分析。第一个特点对于缓存更长时间的语音来分析回声更有利，因为缓存参数所需要的空间是缓存原始线性语音数据所需要空间的 1/10。第二个特点尤为关键，通过分析接收通道和发射通道的语音参数的相似性来确定回声的位置。由于利用了声码器本身的分析算法，VoIP 的软件框架已经包括了声码器算法，所以不需要重新设计新的分析算法，甚至不需要反复调用，相似性判断的算法运算量极小，这样对原有的毫无目标的自适应滤波算法有着极好的增强。语音包存储与反射回声如图 3-17 所示。

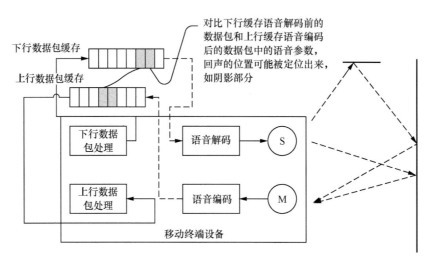

图 3-17　语音包存储与反射回声

声码器压缩后的参数主要由哪些部分组成？应该对其中什么参数进行分析来确定其是否为回声呢？下面将以 G.729 和 RPE-LTP 为例来回答这些问题。

G.729 标准的 CS-ACELP 参数包括表 3-2 所示的内容。

表 3-2　CS-ACELP 的 8kbit/s 语音编码算法中比特分布含义

参数	码字名称	每帧对应比特数
线谱对	L0，L1，L2，L3	18
自适应码本时延	P1，P2	13
基音	P0	1
固定码本索引	C1，C2	26
固定码本符号	S1，S2	8
码本 A 增益	GA1，GA2	6
码本 B 增益	GB1，GB2	8
合计		80

RPE-LTP 的参数如表 3-3 所示，包含了 3 个部分，每 20ms 长度的语音分 4 个子帧处理得到，具体如下。

（1）短时滤波器参数。

（2）长时预测参数。

（3）规则脉冲激励参数。

表 3-3　RPE-LTP 的参数

参数	码字名称	每帧对应比特数
滤波器参数	LAR1,2,3,4,5,6,7,8	36
长时预测时延和增益	N1,b1/N2,b2/N3,b3/N4,b4	36
规则脉冲激励参数 1	M1,Xmax1,x1（0,…,12）	47
规则脉冲激励参数 2	M2,Xmax2,x2（0,…,12）	47
规则脉冲激励参数 3	M3,Xmax3,x3（0,…,12）	47
规则脉冲激励参数 4	M4,Xmax4,x4（0,…,12）	47
合计		260

根据回声的特征可知，回声与产生回声的声源比较起来声音的幅度大小是不断变化的，是变大还是变小不确定，且回声中多了许多多次反射混合的信号，但是主要表达语义的部分不会改变。正因为表达语义的部分没有发生改变，在对方听到时才会有很大的负面影响。在声码器的语音参数中对应语义这一项的主要是基音，如 G.729 标准的 $P0$ 和 RPE-LTP 中的 N1/N2/N3/N4。

G.729 标准对基音参数的获得是如此描述的：开环基音分析每帧（10ms）进行一次，使用加权语音信号 $sw(n)$，步骤如下。先找到 3 个最大相关值，如公式（3-28）。

$$R(k) = \sum_{n=0}^{79} sw(n)sw(n-k) \qquad (3\text{-}28)$$

分别在如下 3 段位置。

$$i = 1：80\cdots143$$
$$i = 2：40\cdots79$$
$$i = 3：20\cdots39$$

余下最大的 $R(t_i)$，（i=1,2,3）归一化之后，根据公式（3-29）求得开环估计结果。

$$T_{op} = t_1, \quad R(T_{op}) = R(t_1)$$

$$如果 R(t_2) > 0.85R(T_{op})，\ T_{op} = t_2，则 R(T_{op}) = R(t_2)$$

$$如果 R(t_3) > 0.85R(T_{op})，\ T_{op} = t_3，则 R(T_{op}) = R(t_3) \qquad (3\text{-}29)$$

RPE-LTP 的 SPEC 中对长时预测时延 N_j 的描述如下。

第一步，估计短时残差信号的当前子段和重构前段残差信号的互相关值 $R_j(\text{lambda})$，如公式（3-30）。

$$R_j(\text{lambda}) = \sum_{i=0}^{39} d(k_j + i) \times d'(k_j + i - \text{lambda})$$ （3-30）

其中，$j = 0, \cdots, 3$；$k_j = k_0 + j \times 40$；$\text{lambda} = 40, \cdots, 120$

第二步，找到这个阶段的互相关值的峰值 N_j，如公式（3-31）。

$$R_j(N_j) = \max\{R_j(\text{lambda}); \ \text{lambda} = 40, \cdots, 120\}$$ （3-31）

其中，$j = 0, \cdots, 3$

基于上述公式，包括 G.729 标准和 RPE-LTP，对应参数 T_{op} 和 N_j 代表了语音的基音属性。这个属性在原始语音或者回声中应该是相同的，这个属性刚好可以用来确定回声的位置。接下来讨论如何用基音的相似性来确定回声的位置。

3.7.4 精确定位回声的算法

根据上述分析，精确定位回声的算法根据不同的声码器选择对应基音的参数，缓存空口接收到的未解压缩的语音参数（即使对应这组语音参数的解压缩后的语音已经通过 SPEAKER 送出去了）与缓存的从 MIC 接收的语音经过声码器压缩得到的语音参数进行比较。当本地语音压缩的参数中存在与空口接收到的语音参数强相关的参数时，证明 SPEAKER 送出的语音通过 MIC 回来了，产生了回声，并在此处精确定位回声。

G.729 标准中的声码器与此算法结合确定回声的位置，回声定位仿真数据（1）如图 3-18 所示。在此组 MIC 接收的语音中，回声位置与正常语音位置是分隔开的，但是回声幅度很大，算法精确判断了其位置。

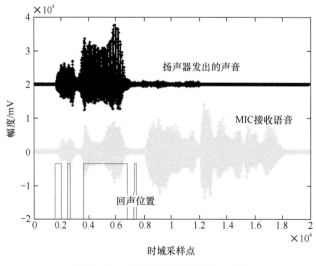

图 3–18 回声定位仿真数据（1）

RPE-LTP 声码器与此算法结合确定回声的位置，回声定位仿真数据（2）如图 3-19 所示。此组 MIC 接收的语音数据与回声混合在一起，算法也能成功确定回声的位置。

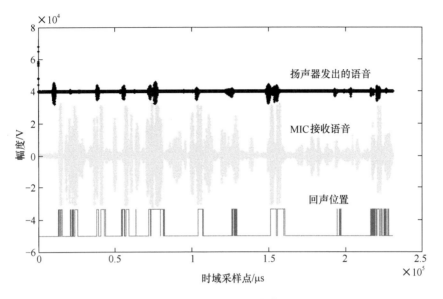

图 3-19　回声定位仿真数据（2）

此方法存在的问题有两个。第一，不同声码器对应的参数不同，需要对 VoIP 中所有的声码器进行分析，分别构成一套判断逻辑。第二，由于声码器的编解码器调度是以帧为单位进行的，而回声的形成大多不会刚好对应这个帧信号的边缘，而是处于某帧的中间。于是在使用此方法进行回声位置判断后，还需要其他算法的辅助，更为精确地对相关帧信号进行处理。

3.7.5　总结

声学回声抵消是 VoIP 技术中的一个难点，而如何确定回声的存在及其精确的位置又是声学回声抵消技术中的一个难点。这里仅提供一种思路和方法，用极少的缓存空间和极小的运算量解决超长回声路径引入的难以进行回声定位的问题。本章以 G.729 标准的 CS-ACELP 和 GSM 的 RPE-LTP 声码器为例，介绍了利用它们各自的编码参数进行声学回声定位的方法。将此方法实际应用到移动设备中不增加任何软硬件成本便可以很好地消除声学回声。

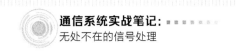
3.8 测距：哪种方法更精确

测距是通信系统中很有热度的一个话题。无论是移动通信系统，还是固定无线通信系统，如果能够利用无线信号的传播特征进行测距，那么在通信的同时就能够精确定位被测终端。通常有以下几种测距的方法，即功率测距、时间测距、相位测距。下面先讨论这几种方法，然后讨论两个相关问题，分别为相位测量方向和红外测距是否更准确。

3.8.1 功率测距

功率测距，即用接收的信号强度指示（RSSI）测距。根据自由空间无线信号传播公式可以知道，信号功率会随着距离的增大而呈指数级下降，因此已知发射功率，理论上可以通过测量 RSSI 计算得到接收机和发射机之间的距离。但是，多径导致 RSSI 波动很大，所以测距结果很不准确。在空旷的环境且对误差不敏感的场景可以使用。如果环境复杂、多径效应严重、各种反射信号影响大，则会使 RSSI 存在很大的波动，所以不适用这样的场景。

3.8.2 时间测距

时间测距，即通过测量发射机和接收机之间往来信号的时延测距。由于时延是无线信号以光速传播一定距离所产生的，因此，理论上测量出时延也就可以计算出距离。例如在 2.4 节讨论的同步建立和同步保持方法中，基站或者终端可以通过测量得到双方发送信号和接收信号的回环时延大小，从而可以计算得到双方的距离。在这种方法中，主要关注如何能尽可能精确地测量信号在收发双方之间传播的时延，重点在保证精确性上。由于无线电波 1μs 可以传输 300m，如果要测量非常精确的距离，需要使用采样率非常高的器件来接收和处理信号。比较容易想到的是用高速时间采样的方式来进行测距，如 UWB（超宽带）系统。

而时间采样的问题在于通常通信系统没有那么高的采样率，从而达不到那么高的精度。事实上，时延可以映射到无线信号相位的变化上。如果收发双方按照约定的时序进行通信，整个通信过程晶体振荡器都不停止，则可以通过相位变化来推理出距离对应的时延。

3.8.3 相位测距

如图 3-20 所示，从发起者发送信号到响应者在 delay_t 的时候接收到信号，这时候在 RF 的相位上会得到一个相位差 fai_1-fai_0+w×delay_t；反之，从响应者发送信号到发起者在 delay_t 的时候再接收到，同样在 RF 的相位上会产生相位差 fai_0-fai_1+w×delay_t，此时，发起者可以在获得响应者得到的 fai_1-fai_0+w×delay_t 后，与接收信号得到的 fai_0-fai_1+w×delay_t 直接相加，从而得到 2w×delay_t。由于 w 是已知的频率，如 2.4GHz，则可以计算出 delay_t。这里刚好利用信号回环过程中采样时钟的相位差反方向与前述正方向相加得到一个完整的采样时钟周期。

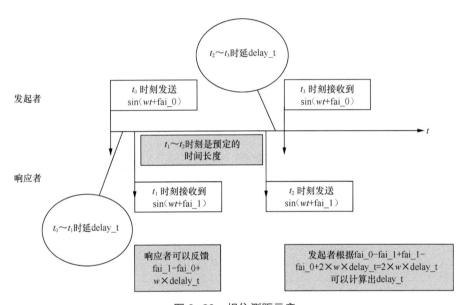

图 3-20　相位测距示意

如果两者距离太远，超过一个完整的采样时钟周期，那么这就说明发起者和响应者存在整数个完整采样时钟周期的距离差，而余下不足一个完整采样时钟周期的距离差可以通过上述过程利用 RF 上得到的相位差计算得到。同样，由于一个完整采样时钟周期对应着若干个 RF 频率的周期，如采样率为 1MHz，而 RF 频率是 2.4GHz，存在 2400 倍的差异，确定究竟有多少个整数倍的 RF 频率差异也是一个需要解决的细节问题。这里可以设计二次差分信号，例如用 2.4 ~ 2.5GHz 频段内的频点每间隔 2MHz 进行一次信号处理，进行 10 组收、发信号的处理，在得到一系列的相位差之后，再求这些相位差的差分信号，从而得到精确的 delay_t，得到测距结果。例如，从 2.4GHz 开始，设置 10 个频点，每隔 2MHz 进行一次信号处理，那么通过前述步骤先得到每个频点回环后的相位差 2w×delay_

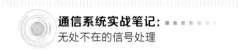

t，其中 w=2.400GHz，2.402GHz，…，2.418GHz。然后对这些相邻频点的相位差进行差分，则得到 $2w×delay\_t$，其中 w=2MHz。可以看出，通过二次差分，将公式中的频率值从 2.4GHz 的 RF 频率变换到低频 2MHz，可以测量到的时延范围扩大 1000 倍，从而避开整数倍 RF 信号周期问题，获得更大的测距结果。

相位测距同样容易受到多径效应的影响。理论上，如果没有多径效应影响，相位测距会得到更高的精度，即使使用类似低成本的蓝牙芯片，也能得到比较高的测距精度。例如蓝牙系统，其通信速率不高，通常只有 1Mbit/s 或者 2Mbit/s。如果通过传输时延来进行测距，由于时间片的分辨率太低，因此无法得到接近或者小于 1m 的精度；而传输时延如果能够通过 RF 通道的信号相位来分辨，则能够得到小于 1m 的精度。

对于上述方法，在实际工程实现中，芯片平台能支持的 RF IQ 信号的量化精度、时钟抖动的精度也都会影响测距效果。发射信号的设计也需要考虑采样率这个因素。

3.8.4 相位测量方向

用天线阵测量相位差可以计算得到信号源头的方向角，原理示意如图 3-21 所示，但通信双方是很难通过此方法进行测距的。蓝牙 5.1 版本里面的 AOA 测量法和 AOD 测量法就是利用这个原理，同时它也是一种无线定位的方法。

如图 3-21 所示，左图是 AOA 测量法，AOA 即信号达到的角度。右图是 AOD 测量法，AOD 即信号发出的角度。以 AOA 测量法为例，因为接收方的两根天线之间存在一定距离，发送方的信号到达两根天线的时间不同，所以会产生相位差。这个相位差与天线之间的距离、发送方和接收方的方位角度相关。假设入射角度是 θ，波长是 λ，两个接收天线之间的距离是 L，则接收信号相位差 Φ 与 θ、λ 与 L 的关系如下。

$$\Phi = 2\pi L\cos(\theta)/\lambda \tag{3-32}$$

在公式（3-32）中，只有 θ 一个未知数，所以通过此天线阵可以求解得到入射角。得到了入射角还不能完全确定距离和位置，但是如果有多个参考点，就可以进行定位了。

补充说明：相位虽然可以用来测距，但需要考虑在数字信号处理时得到的 RF 的相位是 ADC 采样点对应的相位。这些在测量相位中起到作用的采样点间隔、采样点对应的时间偏差也需要纳入分析。只有在进行信号设计时，消除采样点偏差，得到的测距结果才是准确的，否则得到的采样结果是不准确的。

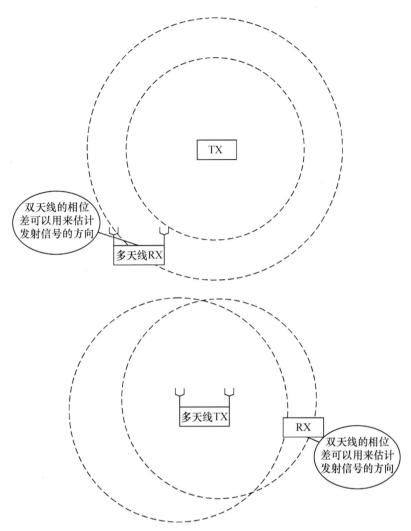

图 3-21　AOA 测量法和 AOD 测量法的原理示意

3.8.5　红外信号测距

下面再讨论一个问题，红外信号测距是否比无线信号测距更准确呢？

首先，红外信号波长小于 1mm，而无线信号如 2.4GHz 的无线信号波长大于 10cm，不同长度的波长会不会导致它们的测距精度有差别呢？

直观的感觉是波长更短能够达到测距精度更高，事实上却不然。这个需要从测距电路及其原理仔细分析。

如前面所述，测距的双方需要互相收发信号，从而测量两者之间信号的传输时延。信号传输时延的测量精度决定了能达到的测距精度。我们先给测距的双方分别命名为 A 和 B，而且用红外信号来进行信号的传输。A 给 B 发送信号，这个信号不仅仅要被 B 接收到，而且 B 还得知道这个信号是发送给自己的，且需要自己反馈信号的命令，那么这个信号实际上是一串命令字，这一串命令字（如 10110110）通过红外信号发送的时候有一个基本物理量，即基带波特率，如 1Mbit/s。就是说对于波长为 920nm 的红外信号，现在 1μs 对应的是基带的一个比特信号。B 在接收信号的时候，检测红外信号接收器输出的波形，1μs 对应的是基带的一个比特信号。A 在发送信号的时候，实际上是基带信号在 DAC 电路控制红外信号发射机，DAC 工作的采样率只要高于 1Mbit/s（如 4Mbit/s）即可。B 在接收信号时，红外信号接收器输出的电平实际上由一个 ADC 来采样，ADC 工作的采样率只要高于 1Mbit/s（例如 4Mbit/s）即可。当 B 接收到 A 的发射信号后，如果 A 和 B 之间的距离只有 20m，空中信号传输时延只有 1/15μs，那么 4Mbit/s 的采样间隔 1/4μs 如何能够识别出来呢？在这样的情况下，B 能识别到的只是自己的采样率能识别到的精度。然后 B 按照预定的协议将信号反馈给 A，如延时 1ms 后发送一串信号（如 10100111）给 A。同理 A 用 4Mbit/s 的采样间隔进行采样，也同样无法分辨 A → B → A 的整个环路的时延究竟是多少。这个时候，A 通过从自己发出信号的采样点，到 B 接收到信号的采样点，再回到 A 的接收反馈信号采样点计算得到的时延是两个最小采样点，即 2/4μs，这与实际的 2/15μs 差距非常大。而在整个测距的过程中，红外信号的波长其实没有起到什么作用。至此，我们理解了波长的长短在测距环节其实没有什么区别，因为通常用这样的方式测距都无法测得特别精确。

网上一些红外信号测距方法使用的是前面我所提到的 RSSI。也就是说通过反射波本身的强度来进行障碍物的距离估计。如果被测障碍物与测距仪之间没有其他物体，即信号被直射并反射回来，且被测距离比较近，红外信号没有被发散，则通过 RSSI 方式测得的结果会比较准确。但还是会遇到问题，这个反射信号本身会因为障碍物的性质不同而发生变化，所以也会出现测距不准确的情况。当然这样的方式不能用在前述 A、B 都有红外收发器，且 A 可能是与多个不同的 B 在进行通信测距的情况，因为此时需要测量的是 A 与不同的 B 之间的距离，而不是与某一个障碍物之间的距离。那么 A 可否通过接收到的不同 B 的信号强度进行测距呢？当然是可以的，问题还是最初提到的，RSSI 是不准确的，引入的误差可能是因为多径，也可能是因为不同 B 的器件发射功率本身就有差异等。所以，从这个角度来看，红外信号测距不一定比无线信号测距更准确。所以，不能简单"迷信"一种方法，需要深入探讨其背后的原理和工程可以实现的程度再下结论。

3.9　跳频与扩频：对抗窄带干扰的有效措施

对于通信系统无法避免的干扰问题，我们一直都在寻求有针对性的解决方案。其中对抗窄带干扰比较有效的两个措施分别为跳频与扩频。这两种方法都能有效地对抗窄带干扰，它们各有优劣势。

先看扩频，图 3-22 展示了扩频通信原理。简单地说，就是用更大的带宽来发送本来窄带可以承载的信息，扩频的优势是可以对抗窄带干扰信号，劣势是需要占用很大的带宽。著名的移动通信系统——CDMA 系统就是扩频通信系统，GPS 也是，而且近场通信系统，如蓝牙、Zigbee 也有支持扩频的选项。也就是说，在某些场景，可以通过将无扩频通信方式改变为扩频通信方式，用更宽的带宽来提高通信的鲁棒性。

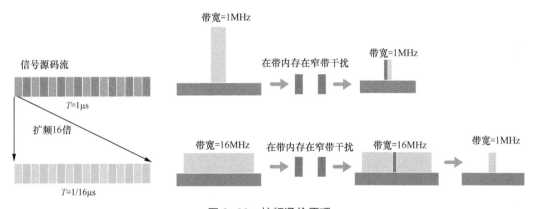

图 3-22　扩频通信原理

再看跳频，图 3-23 展示了跳频通信原理。在遇到窄带持续存在干扰的时候，如果不进行跳频，那么一直反复发送信号也不会成功，跳频重传可以很好地解决这个问题。

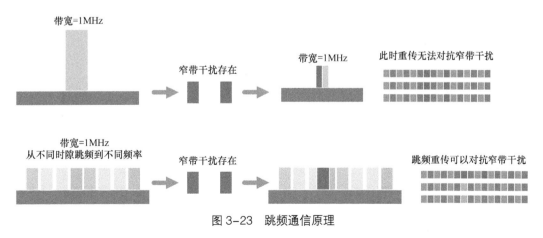

图 3-23　跳频通信原理

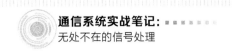

以蓝牙跳频为例，蓝牙依靠随机序列控制，在一组频率中按照随机序列的指引选择工作频率，可能每个工作时隙都在跳频，如图 3-24 所示。跳频的随机序列需要发送方与接收方同步，跳频的工作频率组也需要同步，只有其同步了，接收方才能正确地解析发送方发送的内容。

	第1步 $f(k)$　$f(k+1)$ 寻呼 ↓　　↓	第2步	第3步 $f(k+1)$ 快速跳频 ↓	第4步	第5步 $g(m)$ 第1个数据包 ↓	第6步
主设备						
从设备		↑ $f(k)$ 寻呼响应		↑ $f(k+1)$ 响应		↑ $g(m+1)$ 响应第1个数据包

图 3-24　蓝牙跳频策略示意

第4章
通信系统的解析和构建实例

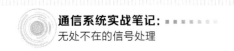
4.1 GPS：从另一个角度看定位系统和方法

在此我们有必要先简单地说一说 GPS 的背景，主要讨论民用 GPS 的相关内容。

GPS 的卫星共有 24 颗，卫星距离地球表面 2.02×10^4km，其运行周期约为 11.97h。在地面上的任何位置，同一时间能看到 6 ～ 9 颗卫星。所有的卫星都在同一个频率上发送信号，频率是 1575.42MHz，每个卫星的通信速率是 50bit/s。不同的卫星采用不同的扩频码字进行扩频，每个扩频码字的周期是 1023 个码片，每个信息比特被扩频到 1023×20 个码片，即重复 20 次扩频。

如图 4-1 所示，GPS 接收机根据同一时间接收到的信号解出其中不同卫星的发送信号的时间和轨道参数，从而计算出不同卫星当时的位置，然后计算出自己的位置。

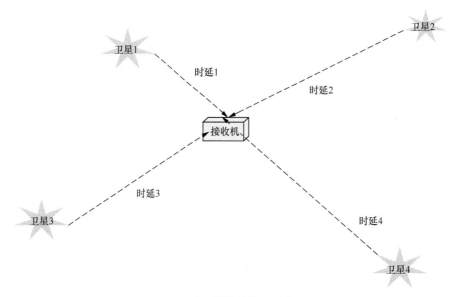

图 4-1 GPS 的原理示意

卫星的位置和发送信号的时间是能从接收的信号中解出来的。假设 GPS 接收机的时间未知数为 t，位置未知数为 x、y、z，则可以通过 4 颗卫星的发送信号列出方程，得到 GPS 接收机的位置，如公式（4-1）所示。

$$
\begin{aligned}
(x_1-x)^2 + (y_1-y)^2 + (z_1-z)^2 &= [c(t_1-t)]^2 \\
(x_2-x)^2 + (y_2-y)^2 + (z_2-z)^2 &= [c(t_2-t)]^2 \\
(x_3-x)^2 + (y_3-y)^2 + (z_3-z)^2 &= [c(t_3-t)]^2 \\
(x_4-x)^2 + (y_4-y)^2 + (z_4-z)^2 &= [c(t_4-t)]^2
\end{aligned}
\qquad (4\text{-}1)
$$

其中，$x_1 \sim x_4$、$y_1 \sim y_4$、$z_1 \sim z_4$、$t_1 \sim t_4$ 都是从接收到的信号中可以解析出来的具体卫星的位置和发送信号的时间，c 为光速。由于有 4 个未知数，对应 GPS 接收机的位置和接收信号的时间，因此，以上方程组在接收到 4 颗以上的卫星发送的信号时能够得到 4 个未知数的解。

4.1.1 GPS 的灵敏度

弱信号的捕获和跟踪是 GPS 尤其需要关注的重点，即 GPS 的灵敏度问题。

GPS 是一个单向的 CDMA 系统，直序扩频 1023 倍，主要就是用积分的方式来获得解扩的增益。信息位是按照 50 波特率的速度来发射的，每 20ms 对应一个比特，每 1ms 又是按照 1023 个码片的倍数来进行扩频的。于是在 1ms 内对 1023 个码片进行相关叠加，自然得到 30dB 的增益。如果噪声很大，要提高灵敏度，就重复 20 次 1ms 的相关叠加，然后对结果再次进行相干叠加，那么又得到 13dB 的增益。但是，因为相位从一个比特位的起点到它 20ms 结束的终点不可能完全没有偏差，所以事实上无法得到这么高的增益。卫星的高速运动存在多普勒频移，且卫星处在不同的仰角与接收机之间都存在较大的频差，这也是最初捕获需要在时域和频域两个维度上进行搜索的原因，也即捕获 20ms 的相关运算需要在频率间隔小于 50Hz 的多个频点上同时进行的原因。

如图 4-2 所示，当鉴频间隔为 50Hz 时，20ms 的相干叠加其实是完全被抵消了，无法达到相干叠加的效果。所以只有在鉴频间隔小于 25Hz 时，20ms 的相干叠加才有效果。25Hz 信号经过 20ms 正好对应相位旋转 180°，于是相邻 20ms 而且有 25Hz 残留频差的信号进行相干叠加，其叠加后信号的功率是完全同相叠加信号功率的一半，这样处理的灵敏度会有 3dB 的损失。如果相邻 1ms 且有 25Hz 残留频差的信号进行相干叠加，也因为 25Hz 信号经过 1ms 之后相位旋转 9°，相干叠加对应的功率损失相对于完全同相的相干解扩会损失 $10\lg(2/(1+\cos45°))$ dB，当然，这个 1ms 对应的损失值是比较小的。因此，鉴频越来越小，才可以让相关的长度越来越长。

相干叠加可以让噪声（随机的相位）被抵消，让相关峰在弱信号长相关之后显现出来；而非相干叠加是无法提高灵敏度的，因为噪声的功率也同样被放大了，从而无法得到相干叠加的相关峰。图 4-3 对比了非相干叠加与相干叠加的解析方式，注意，二者之间的差别在于叠加前的相位旋转的处理。非相干叠加没有相位旋转处理，而相干叠加加上了累计相位旋转之后再进行叠加。

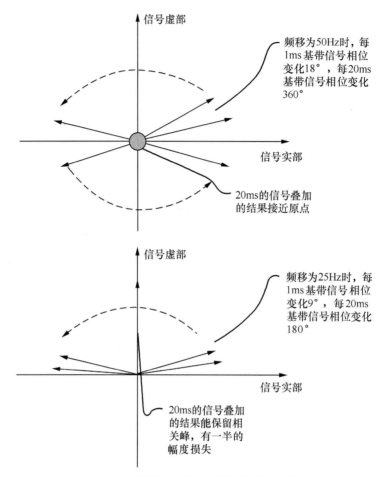

图4-2　相移对信号相干叠加的影响示意

　　另外，某公司GPS芯片的跟踪灵敏度能达到–159dBm，只用20ms的相关运算是不可能实现这个灵敏度指标的，需要通过更长的相干叠加才可以实现。在通信系统里，类似的信号处理过程很多，并不是很复杂。如果频率误差的计算比较精确，是可以计算出20ms后的相位误差的。这样再对多个20ms的结果处理相位差之后进行相干叠加，还是可以达到前述进一步凸显相关峰，从而进一步提高灵敏度的目的的。由于GPS规定20ms对应一个比特位，采用BPSK（二进制相移键控）的调制方式，因此，在每20ms的地方前后比特位不同时可能出现180°的相位翻转。只有两种情况会出现翻转处理，运算量也未增加很多，为获得更高的灵敏度，是值得再增加一些运算量去进行更长的积分的。

　　总之，弱信号的处理是GPS信号处理的基础，有更长的积分时间，更小的频率间隔，可以获得更高的灵敏度指标。

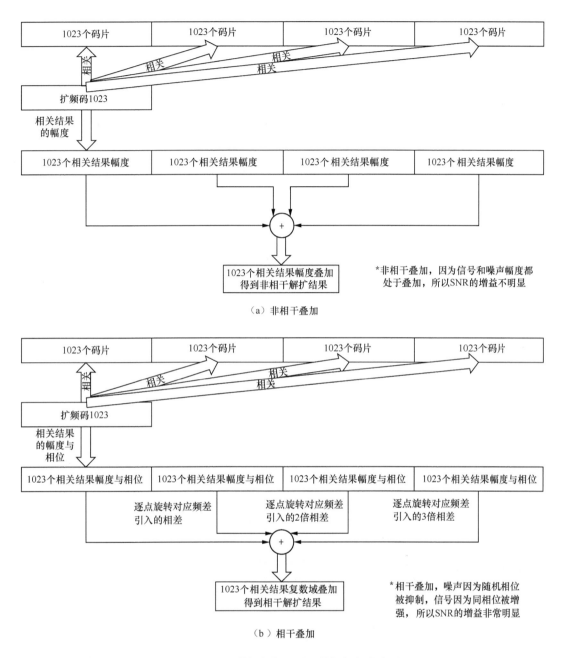

（a）非相干叠加

（b）相干叠加

图 4-3　非相干叠加与相干叠加的解析方式的对比

4.1.2　移动通信系统与 GPS 的对比

2012 年 8 月，我对 GPS 的终端进行了一些研究，以移动通信系统终端的眼光去看定位接收机系统，以下是当时的笔记。

首先，GPS 接收机只接收信号，这一点与移动通信系统终端大不相同。单纯地接收信号显然在时序控制上简单很多，但不要因为这一点就认为 GPS 接收机比移动通信系统终端简单。

捕获，是 GPS 接收机第一个重要步骤，但是捕获不只是 GPS 中独有的，任何制式的无线通信系统终端都有这个过程。捕获是指通过搜索某个系统信号建立时域和频域同步的过程。GPS 是一个 CDMA 系统，所有的卫星都发射同一个频点的信号。但是卫星相对 GPS 接收机的位置和速度不同，存在不同的多普勒频移，所以必须在频域和时域（CDMA 扩频码片序列的起始位）上都完全同步时，才能正确地接收 GPS 的信号。在移动通信系统中，终端从无基站信号状态到获得信号建立同步的过程需要在整个频段逐个搜索基站的信号，并找到基站信号中的导频信号以确定时域的位置，而且这个过程同样存在多普勒频移等因素，所以也是在频域和时域两个维度同时进行捕获。从这个角度来说，CDMA 系统与 GPS 很相似，比较容易理解，实际上 GSM 也是这样的。只不过 GSM 中没有 CDMA 扩频通信的正交码片叠加的环节，但同样是需要时频同步的，依靠捕获 FCB 的频点和时间位置来确定频域和时域上的同步。

跟踪，是 GPS 接收机第二个重要步骤，也不是 GPS 独有的。在移动通信系统中，终端要保证一直能正确地接收基站的信号，就必须跟踪与基站信号之间的频差和时差。因为频差和时差是必然存在的，而且是时变的，所以跟踪就是在能够容忍的变化范围内，一直保持同步的关系。例如，移动通信系统终端总是需要在系统规定的某些固定周期的时隙里接收系统可能发来的寻呼信号。终端因为需要省电，所以一般处于睡眠状态。为了接收寻呼信号同时又能省电，终端醒来的时间不能太长，如果在时间上没有很好地跟踪同步，唤醒接收的时间窗可能就错过了寻呼的时间窗。同步跟踪算法需要考虑的主要是在睡眠周期内可能发生的时间偏移，并确保可以通过一些补偿的手段弥补这种时间偏移。GPS 的跟踪算法中的 DLL（延迟锁定环）、FLL（锁频环）、PLL 几个环路的参数求取与环路稳定性的保证，对应移动终端中的时间调整和频率调整，以及信道估计与均衡。

但这两个系统确实又很不同。GPS 强调的是在弱信号下通过将不断重复的信号反复积分来获得很好的捕获和跟踪的灵敏度。移动通信系统强调的却是尽量高效地利用频谱带宽，在有限的频谱带宽内传递尽量多的信息。GPS 的系统信息是不断重复的，移动通信系统中除用于系统初始同步（捕获）的某些特殊导频信号外，其他信号都携带真正的信息，是不断变化的。所以，在移动通信系统中有很重要的信道估计和均过程，在 GPS 中却几乎没有。

再补充一小段内容。通常的移动通信系统，以 GSM 为例，在终端的设计中主要是捕获和跟踪一个最强的基站信号。具体的跟踪算法从时间上来说会通过调整本地计时时钟的相位和频率来实现跟基站同步。这里的算法也是一个环路，但是只是与一个基站信号形成环路，于是就可以在这个基站的信号上完全同步。对于 GPS 接收机接收到的信号而言，其包含了所有可能的卫星信号，由于每颗卫星与 GPS 接收机之间的距离和卫星发送信号到达 GPS 接收机的相对速度都有很大差距，因此，即使每颗卫星都根据原子钟的一个确定时间轴发送信号，到达 GPS 接收机的信号同步点也是完全不同的。于是接收机需要针对每颗卫星信号进行环路的跟踪，而跟踪只能分卫星进行，通过调整本地接收机中对应卫星的码序列和频率序列的相位来实现。在具体处理算法的方案上，GPS 与移动通信系统的基础算法确实是有很大区别的。

移动通信系统终端基带软件中，除物理层算法外，还有逻辑复杂的上层协议栈软件部分。这构成了整个移动通信系统终端软件丰富的移动性管理、数据通信的有效性和可靠性的管理、身份和安全管理等。这些部分在 GPS 接收机里完全是空白。GPS 除了包括捕获与跟踪等基础算法，还包括根据基础跟踪的数据进行定位解算的部分。当然其还是可以引入很多移动通信算法的，如干扰的判断、假星的判断等，以提高定位的精度和速度。

总之，虽然移动通信系统与 GPS 接收机的目的不同，但它们的算法既类似，又有区别。

4.2 5G 标准解读：系统构建的一个实例

虽然在 5G 标准出来的时候，我已经开始尝试接触一些新领域，没有进行 5G 芯片或者设备的开发，但是学习了 5G 标准后，我们在此解读一下 5G 标准中的信号处理相关内容，并圈出构建一个 5G 终端系统所需要关注的信号处理的技术点。从系统设计需要考虑的内容角度来看 5G 标准的内容比 4G 更加丰富。在此列举的技术点主要覆盖物理层涉及的信号处理的关键点，尤其是对于芯片架构设计有较大影响的关键点。阅读协议规范的过程也是逻辑思维训练的过程，就物理层而言，需要将几份物理层相关协议对照着阅读，有的时候还需要参考 RRC（无线资源控制）的部分才可以理解充分。

4.2.1 子载波间隔

子载波间隔是可配置的，它可以是 15kHz 的整数倍，如表 4-1 所示。

表 4-1　传输参数 μ 含义

μ 值	$\Delta f=2^{\mu}\times 15$（kHz）	CP 模式
0	15	正常
1	30	正常
2	60	正常，扩展
3	120	正常
4	240	正常

这里详解一下不同的子载波间隔（Δf）意味着什么。从公式（4-2）可以看到，时域积分的时间长度 T 对应频率的分辨率，即 $1/T=\Delta f$。对于 DFT，将时域 T 分割成多少个 N，则对应着不同的采样率，采样时钟的周期就是 T/N，整个 DFT 对应的频域带宽是 N/T，即 $N\times\Delta f$。

$$X\left(f\right)=\frac{1}{T}\int_{-T/2}^{T/2}x\left(t\right)\mathrm{e}^{-\mathrm{j}2\pi ft/T}\mathrm{d}t$$

$$X\left(k\right)=\sum_{n=0}^{N-1}x\left(n\right)\mathrm{e}^{-\mathrm{j}2\pi kn/N}$$

（4-2）

> 对于 5G 标准的 SPEC 所规定的多种 Δf 的处理，由于 Δf 是 15kHz 的整数倍，因此，理论上还是按照 15kHz 对应的时域积分长度 66.67μs 取数据进行 FFT，其信号采样率超过有效带宽 1.5 倍即可满足奈奎斯特定理。例如，如果带宽为 20MHz，FFT 需要 2 的幂次倍数个采样点，则 2048×15kHz=30.72MHz 的采样率，对应 2048 个采样点。如果带宽为 40MHz，则需要 4096×15kHz=61.44MHz 的采样率，对应 4096 个采样点对应进行 FFT 运算。如果带宽为 40MHz，但是 Δf=30kHz，实际上可以用 2048×30kHz = 61.44MHz 的采样率，对应 2048 个采样点进行 FFT 运算，即一半的时间长度即可。由此可见，OFDM 系统在时域上的资源占用率取决于基频 Δf，其他正交频率都是 Δf 的整数倍，在时间上与 Δf 重叠且较短，不需要那么长的时间片。

确实，SPEC 里面对于不同的 μ 值定义了不同的 OFDM 的时间片长度。如表 4-2 所示。

表 4-2 不同 μ 值对应的每时隙 OFDM 符号数、每帧时隙数、正常 CP 的每子帧时隙数

μ 值	每时隙 OFDM 符号数 (N_{symb}^{slot})	每帧时隙数 ($N_{slot}^{frame,\mu}$)	每子帧时隙数 ($N_{slot}^{subframe,\mu}$)
0	14	10	1
1	14	20	2
2	14	40	4
3	14	80	8
4	14	160	16
5	14	320	32

由于一个子帧的长度是 1ms，因此不同的 μ 值对应的每 OFDM 符号时间长度呈倍数减小。表 4-2 来自 3GPP TS 38.211，将表 4-2 扩展一列，加上每 OFDM 符号时间长度则如表 4-3 所示。

表 4-3 不同 μ 值对应的每时隙 OFDM 符号数、每帧时隙数、正常 CP 的每子帧时隙数、每 OFDM 符号时间长度

μ 值	每时隙 OFDM 符号数 (N_{symb}^{slot})	每帧时隙数 ($N_{slot}^{frame,\mu}$)	每子帧时隙数 ($N_{slot}^{subframe,\mu}$)	每 OFDM 符号时间长度 (T_{symb} /μs)
0	14	10	1	71.428
1	14	20	2	35.714
2	14	40	4	17.857
3	14	80	8	8.929
4	14	160	16	4.464
5	14	320	32	2.232

更大的 Δf 往往对应着更大的带宽，所以虽然时间片越来越短，所需要完成 FFT 的采样点数却不会减少。以 $\mu=1$ 为例，此时带宽可能是 80MHz 或者 100MHz，如前所述，两种情况都需要 122.88MHz 的采样率，4096 个采样点进行 FFT 完成。可见，在 4G 时代，20MHz 的带宽对应 $\mu=0$ 的情况，2048 个采样点进行 FFT 需要在 71μs 完成。而 5G 时代，4096 个采样点进行 FFT 需要在 35μs 完成。对矢量处理器的性能要求提高了 4 倍，同时对总线带宽的要求也提高了 4 倍，存储器的容量也同时需要提高 4～8 倍。有的时候，如果运算速度足够快，存储器容量可以增加较少或者不用增加；如果运算速度较慢，就需要增加更多存储器容量。但是运算速度

还需要考虑其他因素的需求，如在 2.7 节中讲到实时性要求，在某些时间片内必须完成某些运算。假设用 4G 的处理器来处理 5G 的信号和协议，那么能力还是限制在处理 20MHz 带宽的数据上，不能支持 100MHz 的带宽，即使非实时的数据处理能完成，也不能让整个系统正常运行。

另外，还需要考虑支持的天线数目。在 4G 时代，终端支持 2 天线接收；在 5G 时代，终端需要支持 4 天线接收，则性能要求提高 8 倍。当然，4G 也有支持 4 天线接收的终端，这终端本身支持的性能参数。举个例子，如果 4G 基带芯片使用了 4 个 16MAC 的 Vector Engine（矢量运算器），即一共有 64 个 MAC 在同时运行，5G 基带芯片至少需要支持 512 个 MAC 同时运行的处理能力。可以想象，这不仅仅是 MAC 数量的增多，相对应的互联互通的网络结构、存储器的复杂度都是成倍增加的。

如果说 100MHz 的带宽处理相对于 20MHz 的带宽处理性能需求提高了 4 倍，而实际通信速率的提升是超过 4 倍的，那么整体来说系统性能与系统能耗的比值还是提升的。

4.2.2 频段

5G 支持的两个频段定义如表 4-4 所示。

表 4–4 频段定义

频段指示	对应的频点范围
FR1	450 ～ 6000MHz
FR2	24250 ～ 52600MHz

5G 对不同频段的支持主要体现在 RF 前端的设计上，包括天线，RF 前端的放大电路，RF 电路中的 PLL、混频器、滤波器等。在基带部分主要考虑软件可配置 RF 的参数组合，以及协议上针对不同频段可能加入的不同类型的信号。协议上还会在不同频段上定义不同的传输模式等，如 TDD、FDD、Type A 或者 Type B 等模式。

4.2.3 传输带宽

5G 系统空口可支持的最大传输带宽如表 4-5 所示。

表 4-5　5G 系统空口可支持的最大传输带宽

Δf/kHz	5MHz NRB（单载波的资源块数）	10MHz NRB	15MHz NRB	20MHz NRB	25MHz NRB	40MHz NRB	50MHz NRB	60MHz NRB	80MHz NRB	100MHz NRB
15	25	52	79	106	133	216	270	N/A	N/A	N/A
30	11	24	38	51	65	106	133	162	217	273
60	N/A	11	18	24	31	51	65	79	107	135

如果 5G 终端要直接支持 100MHz 的带宽，意味着它有更高的采样率，如前面的分析，如果带宽为 100MHz，要求 Δf=30kHz，则需要 4096×30kHz=122.88MHz 的采样率，即 4096 个采样点作为 FFT 的采样点。可见，采样率并没有随着所需要的带宽的提高呈倍数扩大。前述 61.44MHz 的采样率可以覆盖 40MHz、50MHz 和 60MHz 的带宽的采样需求，而 122.88MHz 的采样率可以覆盖 80MHz 和 100MHz 的带宽的采样需求。122.88MHz 的采样率对 ADDA（模拟数字转换器）的要求比较高。表 4-5 所示的 Δf 不同，那么进行 FFT 的时间片长度就是不同的。60MHz 以上带宽的 Δf 都是 30kHz，因此只需要相对于 Δf=15kHz 的一半时间片长度进行 FFT 变换，采样点就不会增加太多。FFT 的运算量主要与采样点数目相关，于是运算复杂度得到了控制。

4.2.4　发射功率

终端的最大发射功率为 23dBm，最小发射功率为 –40dBm。发射功率指标主要受 RF 器件能力的影响，事实上 OFDM 系统中基带对发射功率的影响也很大。例如不同的调制方式一定要考虑发射功率一致。在 2.5 节中讨论过功率控制问题，其对基站处理多个一起到达的用户信号尤其重要，在此不赘述，不同调制方式的发射功率一致性问题的讨论参见后续内容。

4.2.5　调制方式

5G 调制方式更加多样化，协议规定的调制方式如下。

（1）下行链路有 QPSK、16QAM、64QAM、256QAM4 种调制方式。

（2）上行链路有 QPSK、16QAM、64QAM、256QAM 和 π/2-BPSK5 种调制方式。

从下行链路来看，5G 调制方式比 4G 调制方式多了 256QAM；从上行链路来看，除

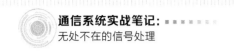

了 256QAM，还有 π/2-BPSK。

我们先讨论发射链相关问题。总体来讲，发射链的处理相对简单，根据 SPEC 中描述的映射公式可完成对应的软件编写验证，注意其处理性能满足在规定的时间片长度内完成对应的任务。在此，对比一下不同的调制方式，如 BPSK 和 π/2-BPSK。π/2-BPSK 的生成如公式（4-3）。

$$x = \frac{e^{j\frac{\pi}{2}(i \bmod 2)}}{\sqrt{2}}\Big[1 - 2b(i) + j\big(1 - 2b(i)\big)\Big] \tag{4-3}$$

BPSK 的生成如公式（4-4）。

$$x = \frac{1}{\sqrt{2}}\Big[1 - 2b(i) + j\big(1 - 2b(i)\big)\Big] \tag{4-4}$$

两种调制方式的运算非常接近，但是最后得到的星座图是完全不同的。BPSK 只有第一象限和第三象限的两堆星座点，而 π/2-BPSK 在 4 个象限都有星座点。图 4-4（a）所示是 π/2-BPSK 的星座图，其星座图位于 4 个象限，连线表示可能的变化关系，可见相邻的两个符号只能出现 90° 的变化，不会出现 180° 的变化。图 4-4（b）所示是 BPSK 的星座图，连线表示相邻两个符号的变化可能出现 180° 的变化。由此可知，π/2-BPSK 前面的旋转因子使信号相位的变化更加平滑，整个频谱能量更加集中。

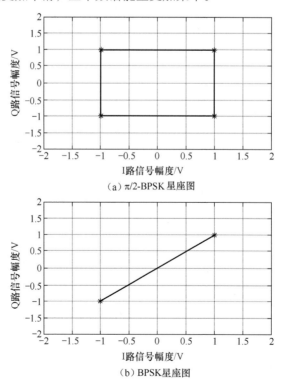

（a）π/2-BPSK 星座图

（b）BPSK 星座图

图 4-4　π/2-BPSK 和 BPSK 的星座图

再看以下几个不同调制方式的生成公式，讨论一下需要注意的问题。

QPSK 生成公式如公式（4-5）。

$$x = \frac{1}{\sqrt{2}}\left[1 - 2b(i) + j\left(1 - 2b(i+1)\right)\right] \qquad （4-5）$$

16QAM 生成公式如公式（4-6）。

$$x = \frac{1}{\sqrt{10}}\left\{\left(1 - 2b(i)\right)\left[2 - \left(1 - 2b(i+2)\right)\right] + j\left(1 - 2b(i+1)\right)\left[2 - \left(1 - 2b(i+3)\right)\right]\right\} \qquad （4-6）$$

64QAM 生成公式如公式（4-7）。

$$x = \frac{1}{\sqrt{42}}\left\{\left(1 - 2b(i)\right)\left[4 - \left(1 - 2b(i+2)\right)\left[2 - \left(1 - 2b(i+4)\right)\right]\right] + \right.$$
$$\left. j\left(1 - 2b(i+1)\right)\left[4 - \left(1 - 2b(i+3)\right)\left[2 - \left(1 - 2b(i+5)\right)\right]\right]\right\} \qquad （4-7）$$

256QAM 生成公式如公式（4-8）。

$$x = \frac{1}{\sqrt{170}}\left\{\left(1 - 2b(i)\right)\left[8 - \left(1 - 2b(i+2)\right)\left[4 - \left(1 - 2b(i+4)\right)\left[2 - \left(1 - 2b(i+6)\right)\right]\right]\right]\right.$$
$$\left. + j\left(1 - 2b(i+1)\right)\left[8 - \left(1 - 2b(i+3)\right)\left[4 - \left(1 - 2b(i+5)\right)\left[2 - \left(1 - 2b(i+7)\right)\right]\right]\right]\right\} \qquad （4-8）$$

注意一个细节，不同的调制方式对应的输入比特数目不同，且信号幅度值不同。需要理解的是，它们与发射信号功率是密切相关的。如果不同的调制方式幅度值都是 1，那么必然越高阶的调制方式得到的发射信号功率就越大。协议标准在这里明确所有调制方式的幅度值就是为了避免这样的情况发生。如果不同的终端在采用不同调制方式时都对应输出相同的功率，这样就不存在问题了。

再简单讨论接收链的相关问题。接收链的处理稍微复杂一些，解调的关键在于均衡算法。如 3.5 节所述，在通过参考信号估计得到信道特征后，即可对所有的信号进行均衡。信道均衡算法的实现需要考虑算法的难易程度、稳定性、实时性及功耗等因素。在此主要讨论解调不同 QAM 信号可能遇到的问题。由于不同 QAM 信号的幅度范围变化较大，在定点算法中，数值的取值范围量化对整个算法能达到的精度起着决定性作用。在实现 4G 系统的均衡算法时，用 16 位宽度的定点矢量处理器完成 64QAM 的均衡运算，I/Q 值量化在 ±6000 的范围内就可以得到很准确的解调结果。以此类推，如果依然用 16 位宽度的定点矢量处理器进行 256QAM 的均衡运算，I/Q 值量化在 ±12000 的范围内即可得到较好的结果。

4.2.6　伪随机序列产生

伪随机序列根据公式（4-9）产生。

$$c(n) = \big(x_1(n+N_C) + x_2(n+N_C)\big) \bmod 2$$
$$x_1(n+31) = \big(x_1(n+3) + x_1(n)\big) \bmod 2 \qquad (4\text{-}9)$$
$$x_2(n+31) = \big(x_2(n+3) + x_2(n+2) + x_2(n+1) + x_2(n)\big) \bmod 2$$

初始化 $x_1(0)=1, x_1(n)=0, n=1,2,\cdots,30$。通过公式(4-9)比较容易理解,$x_1$ 通过一个 32bit 的移位寄存器可以得到。同理可得到 x_2,而 $c(n)$ 则需要通过 N_c 长度的移位寄存器得到。这样的序列可以用软件实现,也可以用硬件实现,具体由系统整体架构采用的最优方式来决定。

伪随机序列的用途为对数据序列加扰、生成参考信号序列等。

(1)对数据序列加扰,如公式(4-10),其中 c 序列就是伪随机序列。

$$\tilde{b}^{(q)}(i) = \big(b^{(q)}(i) + c^{(q)}(i)\big) \bmod 2 \qquad (4\text{-}10)$$

(2)上行解调信号通过参考信号序列和伪随机序列生成,如公式(4-11)。

$$r(m) = \frac{1}{\sqrt{2}}\big(1 - 2 \cdot c(2m)\big) + \mathrm{j}\,\frac{1}{\sqrt{2}}\big(1 - 2 \cdot c(2m+1)\big) \qquad (4\text{-}11)$$

在以上公式中,$c(i)$ 或者 $c(2m)$ 都对应伪随机序列公式中的 c。

比较特殊的 Low-PAPR 序列是旋转因子随机序列,它们经常被用在随机接入信道中,在此也简单介绍。首先,这个序列的生成如公式(4-12)。

$$r_{u,v}^{(\alpha,\delta)}(n) = \mathrm{e}^{\mathrm{j}\alpha\left(n + \delta\frac{\omega \bmod 2}{2}\right)} \overline{r}_{u,v}(n),\ 0 \leqslant n < M_{\mathrm{ZC}}-1 \qquad (4\text{-}12)$$

其中序列长度 $M_{\mathrm{ZC}} = mN_{\mathrm{sc}}^{\mathrm{RB}}/2^{\delta}$,其中的参数 m 满足条件 $1 \leqslant m \leqslant N_{\mathrm{RB}}^{\max,\mathrm{UL}}$。这里涉及比较多的在 SPEC 中定义的参数,详细内容可直接阅读 3GPP 的物理层的 SPEC。

(1)对大于 36 的序列长度,参考 3GPP TS 38.211 里的描述。对于 $M_{\mathrm{ZC}} \geqslant 3N_{\mathrm{sc}}^{\mathrm{RB}}$,基础序列 $\overline{r}_{u,v}(0), \cdots, \overline{r}_{u,v}(M_{\mathrm{ZC}}-1)$ 定义如公式(4-13)。

$$\overline{r}_{u,v}(n) = x_q(n \bmod N_{\mathrm{ZC}})$$
$$x_q(m) = \mathrm{e}^{-\mathrm{j}\frac{\pi q m(m+1)}{N_{\mathrm{ZC}}}} \qquad (4\text{-}13)$$

其中,

$$q = \lfloor \overline{q} + 1/2 \rfloor + v \cdot (-1)^{\lfloor 2\overline{q} \rfloor}$$
$$\overline{q} = N_{\mathrm{ZC}} \cdot (u+1)/31 \qquad (4\text{-}14)$$

将长度 N_{ZC} 定义为最大的质数,满足条件 $N_{\mathrm{ZC}} < M_{\mathrm{ZC}}$。

（2）对于小于 36 的序列长度，参考 3GPP TS 38.211 里的描述。

对于 $M_{ZC} \in \{6,12,18,24\}$，基础序列的定义如公式（4-15）。

$$\overline{r}_{u,v}(n) = e^{j\varphi(n)\pi/4}, \quad 0 \leq n \leq M_{ZC}-1 \tag{4-15}$$

其中 $\varphi(n)$ 参见 SPEC 38.211 中的 Tables 5.2.2.2-1 到 5.2.2.2-4。

对于 $M_{ZC}=30$ 的情况，序列 $\overline{r}_{u,v}(0),\cdots,\overline{r}_{u,v}(M_{ZC}-1)$ 的定义如公式（4-16）。

$$\overline{r}_{u,v}(n) = e^{-j\frac{\pi(u+1)(n+1)(n+2)}{31}}, \quad 0 \leq n \leq M_{ZC}-1 \tag{4-16}$$

生成这样的序列主要在于其指数序列的生成，直接根据 5G 标准所描述的公式进行程序编写即可实现，一般用软件实现。这些序列在参考信号序列、随机接入信号序列中都被使用过。

4.2.7　OFDM 基带信号生成

SPEC 里面给出了 OFDM 基带信号生成，如公式（4-17），也给出了 PRACH 的基带信号生成，如公式（4-18）。

$$s_l^{(p,\mu)}(t) = \sum_{k=0}^{N_{\text{grid}}^{\text{size},\mu} N_{\text{sc}}^{\text{RB}}-1} a_{k,l}^{(p,\mu)} \cdot e^{j2\pi\left(k+k_0^\mu - N_{\text{grid}}^{\text{size},\mu} N_{\text{sc}}^{\text{RB}}/2\right)\Delta f\left(t-N_{\text{CP},l}^\mu T_c\right)} \tag{4-17}$$

$$s_l^{(p,\mu)}(t) = \sum_{k=0}^{L_{\text{RA}}-1} a_k^{(p,\text{RA})} \cdot e^{j2\pi\left(k+Kk_0+\overline{k}\right)\Delta f_{\text{RA}}\left(t-N_{\text{CP},l}^{\text{RA}} T_c\right)} \tag{4-18}$$

其中，$K = \Delta f / \Delta f_{\text{RA}}$。

以上两个公式乍一看很复杂，实际上就是 DFT 公式。其中 k_0 或者 Kk_0 是给定的最小的子载波偏移值。时间部分有一个偏移 $N_{\text{CP},l}^\mu$ 或者 $N_{\text{CP},l}^{\text{RA}}$，它们对应前面 CP 部分的时间长度。CP 是在 IFFT 运算之后，将 IFFT 运算得到的序列尾部复制到符号最前面构成的，所以在基带信号构成的 DFT 公式里不包括 CP。公式（4-17）和公式（4-18）与 4G 标准中定义的公式没有本质区别。

4.2.8　PUSCH 和 PDSCH 的流程

PUSCH 的信号经如下几个步骤生成，如图 4-5 所示，即加扰→调制→层映射→变换

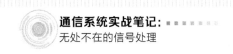

预编码→预编码→ VRB（虚拟资源块）映射→ PRB（物理资源块）映射→基带信号生成，
具体过程可参见 SPEC 38.211 的 6.3 节的内容。

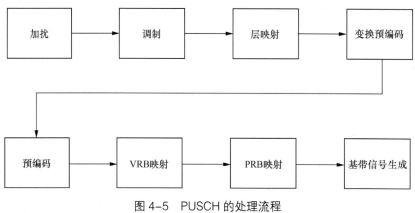

图 4-5　PUSCH 的处理流程

加扰是对码字序列与前述伪随机序列进行异或的过程，伪随机序列的种子与小区 ID
相关，伪随机序列由移位寄存器根据生成多项式生成。

调制是将相邻的几比特一起映射到星座图上的过程，不同的调制方式对应的比特数
目不同，如表 4-6 所示。

表 4-6　不同调制方式对应的比特数目

不使能预编码的调制方式	使能预编码的调制方式	对应的比特数目
	$\pi/2$–BPSK	1
QPSK	QPSK	2
16QAM	16QAM	4
64QAM	64QAM	6
256QAM	256QAM	8

下行 PDSCH 信号的构成过程是：两个码本或者一个码本作为码流输入源，然后进行
加扰、调制、层映射、天线端口映射、VRB 映射、PRB 转换。

如图 4-6 所示，对于终端而言，PDSCH 的解析过程是上述的 PDSCH 的构成过程的
逆向处理，具体流程如下。

对 ADC 采样获得的 IQ 信号进行 FFT 处理→对应天线端口进行信道估计→对应 PRB
的位置进行信号均衡→对应 PRB 的位置进行解映射→对不同的传输块分流解加扰→信道
解码，如用 Turbo 算法或者 Viterbi 算法完成整个 PDSCH 数据的接收处理。

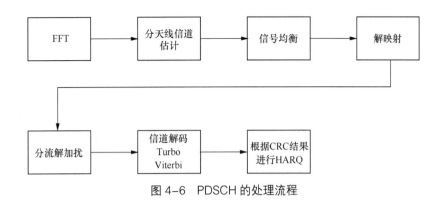

图 4-6　PDSCH 的处理流程

4.2.9　PRACH 的生成

5G 在 4G 的基础上增加了很多选项，使得 PRACH 的序列生成更加多样化。

PRACH 在 5G 的 SPEC 中有 4 种长序列 Format(Format0 ～ Format3)和 9 种短序列 Format(A1、A2、A3、B1、B2、B3、B4、C0、C2)。不同的 Format 有不同的序列长度、Δf、时间长度等。

PRACH 信号的 Δf 也分为 1.25kHz、5kHz、15kHz、30kHz、60kHz、120kHz。相对于 4G 的 Δf1.25kHz 和 7.5kHz(可参见 3GPP TS 36.211 的 5.7 节)而言，它扩展了很多。

PRACH 的时频资源是由高层协议里的参数 PRACH ConfigurationIndex 来确定的，具体确定方式参见 3GPP TS 38.211 中的表格。

每个小区有 64 组 PRACH，每组 PRACH 有 64 个 PRACH 序列，该序列由一个基本序列循环移位生成(包含所有可能的循环移位的位置)，而这个基本序列是由一个逻辑索引号来确定的。这个逻辑索引号是广播消息携带的 RACH_ROOT_SEQUENCE。但是如果一个基本序列经过循环移位无法产生 64 个完整的序列，则需要增加逻辑索引号来得到更多的序列并移位，直到产生 64 个完整序列。

基础序列是 $u=1$，n 是 0，1，2，$\cdots$，$N-1$ 的一个序列，这里 N 有两种取值，839 或者 139，而且长度为 839 的序列包含了长度为 139 的序列。u 取值不同，由 RACH_ROOT_SEQUENCE 逻辑索引号查表得到，如公式(4-19)。

$$x_u(i) = e^{j\frac{\pi u i(i+1)}{L_{RA}}}, i = 0,1,\cdots, L_{RA}-1 \tag{4-19}$$

关于 n 个值的表的构成和 u 值确定的取值位置，根据上述公式有一些技巧。相邻两个 $x(n)$ 的相位差值，只看角度会发现 $un(n+1)-u(n-1)n=2un$，也就是说初始数据表由 $2n$ 的关系旋转角度构成。对于特定 u，第 n 次查表总是在第 $n-1$ 次查表的基础上偏差 nu，

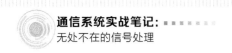

如公式（4-20）。

$$x_{u,v}(n) = x_u\left[(n+C_v)\bmod L_{RA}\right] \qquad (4\text{-}20)$$

其中 u 由高层的参数确定，而 C_v 由公式（4-21）和公式（4-22）确定，也与是不是限制集、哪个限制集参数 N_{CS} 相关。

$$C_v = \begin{cases} vN_{CS} & , v=0,1,\cdots,\lfloor L_{RA}/N_{CS}\rfloor-1, N_{CS}\neq 0 & \text{限制集} \\ 0 & , N_{CS}=0 & \text{非限制集} \\ d_{start}\lfloor v/n_{shift}^{RA}\rfloor+(v\bmod n_{shift}^{RA})N_{CS}, & v=0,1,\cdots,w-1 & \text{限制集类型A和类型B} \\ \bar{d}_{start}+(v-w)N_{CS} & , v=w,\cdots,w+\bar{n}_{shift}^{RA}-1 & \text{限制集类型B} \\ \bar{\bar{d}}_{start}+(v-w-\bar{n}_{shift}^{RA})N_{CS} & , v=w+\bar{n}_{shift}^{RA},\cdots,w+\bar{n}_{shift}^{RA}+\bar{\bar{n}}_{shift}^{RA}-1 & \text{限制集类型B} \\ & , w=n_{shift}^{RA}n_{group}^{RA}+\bar{n}_{shift}^{RA} \end{cases} \qquad (4\text{-}21)$$

$$C_v = \begin{cases} vN_{CS} \\ 0 \\ d_{start}\left\lfloor v/n_{shift}^{RA}\right\rfloor+(v\bmod n_{shift}^{RA})N_{CS} \\ d_{start}+(v-w)N_{CS} \\ d_{start}+(v-w-n_{shift}^{RA})N_{CS} \end{cases} \qquad (4\text{-}22)$$

其中，N_{CS} 有多种取值，具体需要查阅 3GPP TS 38.211 中对应的表格。N_{CS} 的取值由不同 PRACH 的 Format、不同的零相关区配置 ZeroCorrelationZeroConfig、不同的 Δf 配置，以及不同的无限制集或者限制集类型（如类型 A 和类型 B）决定。

PRACH 的信号频域表达式如公式（4-23）所示。

$$y_{u,v}(n) = \sum_{m=0}^{L_{RA}-1} x_{u,v}(m)e^{-j\frac{2\pi mn}{L_{RA}}} \qquad (4\text{-}23)$$

上式说明 PRACH 的信号在频域上以 L_{RA} 为周期重复，不同 Format 对应的时域长度也不同，如表 4-7 所示。

表 4-7　PRACH 的格式对应 $L_{RA}=839$ 和 $\Delta f^{RA}\in\{1.25,5\}$kHz

模式	子载波数（L_{RA}）	子载波间隔（Δf^{RA}/kHz）	采样点数（N_u）	CP 采用点数（N_{CP}^{RA}）	支持的限制集类型
0	839	1.25	24576κ	3168κ	Type A, Type B
1	839	1.25	$2\times24576\kappa$	21024κ	Type A, Type B
2	839	1.25	$4\times24576\kappa$	4688κ	Type A, Type B
3	839	5	$4\times6144\kappa$	3168κ	Type A, Type B

如表 4-8 所示，当 L_{RA} 和 N_{CS} 确定的时候，一个序列可以被循环成为的新序列的个数

就确定了，此时可以得到 v 的最大值。但是可能不够 64 个序列，所以需要继续尝试，直到生成 64 个。

表 4-8　Preamble 的格式对应 $L_{RA}=139$ 和 $\Delta f^{RA} = 15 \times 2^{\mu}$ kHz 其中 $\mu \in \{0,1,2,3\}$

模式	子载波数 （ L_{RA} ）	子载波间隔 （ Δf^{RA}/kHz ）	采样点数 （ N_{u} ）	CP 采用点数 （ N_{CP}^{RA} ）
A1	139	$15 \times 2^{\mu}$	$2 \times 2048\kappa \times 2^{-\mu}$	$288\kappa \times 2^{-\mu}$
A2	139	$15 \times 2^{\mu}$	$4 \times 2048\kappa \times 2^{-\mu}$	$576\kappa \times 2^{-\mu}$
A3	139	$15 \times 2^{\mu}$	$6 \times 2048\kappa \times 2^{-\mu}$	$864\kappa \times 2^{-\mu}$
B1	139	$15 \times 2^{\mu}$	$2 \times 2048\kappa \times 2^{-\mu}$	$216\kappa \times 2^{-\mu}$
B2	139	$15 \times 2^{\mu}$	$4 \times 2048\kappa \times 2^{-\mu}$	$360\kappa \times 2^{-\mu}$
B3	139	$15 \times 2^{\mu}$	$6 \times 2048\kappa \times 2^{-\mu}$	$504\kappa \times 2^{-\mu}$
B4	139	$15 \times 2^{\mu}$	$12 \times 2048\kappa \times 2^{-\mu}$	$936\kappa \times 2^{-\mu}$
C0	139	$15 \times 2^{\mu}$	$2048\kappa \times 2^{-\mu}$	$1240\kappa \times 2^{-\mu}$
C2	139	$15 \times 2^{\mu}$	$4 \times 2048\kappa \times 2^{-\mu}$	$2048\kappa \times 2^{-\mu}$

零相关区域 N_{cs} 由高层发送消息确定。一旦确定，那么 839 个序列值就被分成 L_{RA}/N_{CS} 份，也就是说这个序列最多能够循环移位出 L_{RA}/N_{CS} 个序列，每个序列之间零相关区域长度刚好是 N_{CS}。选择一个 PreambleID 的时候，这个 ID 可以是 0 ～ 63 中任何一个值。如果 PreambleID 超过 L_{RA}/N_{CS} 个数，需要按照前面的规则递增逻辑索引号，再生成新的序列。索引实际上是 PreambleID 对 L_{RA}/N_{CS} 取模得到的值，它对应去进行循环移位的序列不一定就是 RACH_ROOT_SEQUENCE 最初对应所得到的值，而是在此基础上逐步增加了 PreambleID 除以（L_{RA}/N_{CS}）而得到的值。

工程实现 PRACH 的随机序列需要的参数有 u、N_{CS}、Format、High-speed-flag（限制集与否）、PreambleID，前 4 个参数是由基站决定的，通过广播消息或者重配消息下发。最后一个 PreambleID 是终端自己在发射 PRACH 的时候选择的。所以基站通过前面的参数已经构成了 64 个序列，在接收到终端发射的 PRACH 时逐个进行相关匹配，解析得出 PreambleID。基站在后续给终端的响应中返回 PreambleID，如果终端确认是自己发送的 PreambleID，则接入过程形成闭环。

整个过程举例说明如下。

随机序列生成图如图 4-7 所示。如果 $N_{CS}=10$，则对应的长度为 839 的序列里面每间隔 10 个序列值才能有一个循环序列起点。如果 $N_{CS} > 13$，在长度为 839 的序列里面就无法分出 64 个零相关区域，则需要另外增加逻辑索引号生成新的序列。

基础表格是基于 $e^{-j\frac{\pi 2k}{N_{zc}}}, 0 \leq k < N_{zc}, N_{zc} = 839$

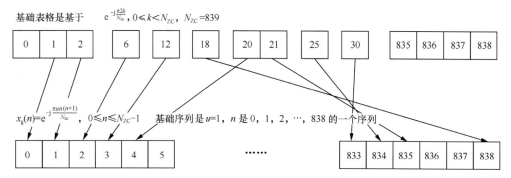

$x_g(n) = e^{-j\frac{\pi un(n+1)}{N_{zc}}}, \quad 0 \leq n \leq N_{zc}-1$ 基础序列是 $u=1$，n 是 0, 1, 2, …, 838 的一个序列

图 4-7 随机序列生成图

查表得到 u 之后，再生成对应的基本序列，具体如下，图 4-8 对应的零相关区域长度 (N_{CS}) 是 10。

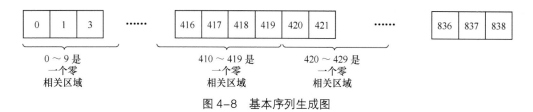

图 4-8 基本序列生成图

找到 v 值对应的序列起点，从而得到最终的 PRACH 的序列。图 4-9 对应的零相关区域长度是 14。

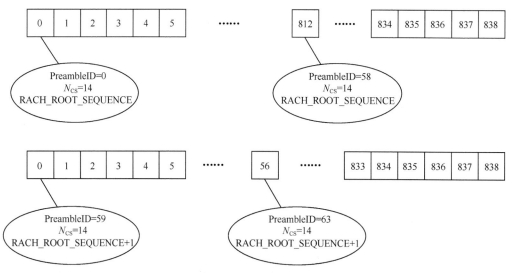

图 4-9 零相关区域长度是 14 的序列案例

再举例说明一个工程实现的问题。如果 Δf 为 1.25kHz，对应时域信号周期是 800μs，相对于 30.72MHz 的采样时钟有 24576 个采样周期，这与表 4-7 中的数值是一致的。问题是具体实现的时候，如果用 24576 个采样点进行 IFFT 运算，运算量非常大，而且很没

有必要。在频域如果周期是837，就可以用837个采样点进行IDFT运算，得到的时域信号相当于采样时钟频率只有30.72MHz×837/24576=1.04625MHz。从信号处理的角度来看，将这样得到的837个采样值在将DAC的采样时钟配置成1.04625MHz的采样时钟频率条件下发送出去就可以实现信号发送，这等同于用30.72MHz的采样时钟发送24576个采样点。

注意： 一是CP的添加处理需要考虑采样时钟频率变化的问题；二是在发送PRACH信号时，需要降低DAC的采样率发射。

调试LTE的小故事

记得几年前在调试LTE的PRACH的接入时，协议分析仪会输出接收到PRACH的消息日志，但是PreambleID的值是不正确的。这说明一个问题，PRACH这样的循环序列在发送时间或者功率不正确的时候有可能会错误地被接收。其原因是基站通过相关峰来判断终端此时发送的是哪个PreambleID，这不是完全唯一的判断依据，是有被误判的可能性的，也有可能是终端发射的时间超过了基站配置的零相关区域，根据循环移位序列的特征，基站得到了另外一个PreambleID；还有可能是终端发射功率太大，导致信号发生畸变，基站得到错误的判断。

4.2.10 参考信号

5G NR（新空口）去掉了LTE系统的小区特定参考信号（CRS），为PUSCH和PDSCH配置了DMRS（解调参考信号）、PT-RS（相位跟踪参考信号），以及CSI-RS（信道状态信息参考信号）等。

从以下生成公式来看，DMRS在频域上不是连续的。终端会根据如下规则将参考信号 $\tilde{r}^{(P_j)}(m)$ 映射到RB。

（1）没有使能预编码处理，如公式（4-24）。

$$a_{k,l}^{(p_j,\mu)} = \beta_{\text{DMRS}} w_f(k') \cdot w_t(l') \cdot \tilde{r}^{(p_j)}(2n+k') \tag{4-24}$$

其中，$k = \begin{cases} 4n+2k'+\Delta, & \text{配置类型1} \\ 6n+k'+\Delta, & \text{配置类型2} \end{cases}$，$k'=0,1$，$l=\bar{l}+l'$

（2）有使能预编码处理，如公式（4-25）。

$$a_{k,l}^{(p_0,\mu)} = \beta_{\text{DMRS}} w_t(l') \cdot \tilde{r}^{(p_0)}(2n+k') \tag{4-25}$$

其中，$k=4n+2k'+\Delta$，$k'=0,1$，$l=\bar{l}+l'$

配置类型 1 是每 4 个子载波里面有两个参考信号，配置类型 2 是每 6 个子载波里面有两个参考信号。具体的编码方式根据 SPEC 里面描述的 $w_f(k')$、$W_e(l')$ 进行相应计算。DMRS 在时域上占用 1 个符号或者 2 个符号，这个由高层的参数 UL-DMRS-max-len 决定，并通过查表确定时域的位置。

PT-RS 是 5G 引入的新参考信号，对于 PT-RS 的理解，讨论如下。

OFDM 系统采用 QAM 调制方式，信号是通过相位来代表信息的。如果不能跟踪到绝对的相位，则只能进行差分的解调；如果可以跟踪到绝对的相位，则可以进行相干解调，相干解调能达到更高的灵敏度。理论上 DMRS 本身也是可以跟踪相位的，为何还需要单独有一个 PT-RS 呢？

高层协议要求加或不加 PT-RS，且在时域和频域的位置上 PT-RS 与 DMRS 是区分开的，如图 4-10 所示。5G 使用的频段主要是毫米波频段，在毫米波频段的时候，PT-RS 是接收机解调需要用到的相位跟踪参考信号。

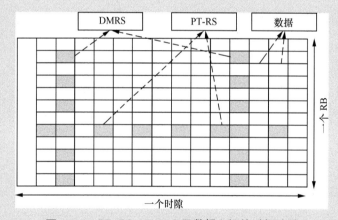

图 4-10　PT-RS、DMRS 及数据之间的时频关系

如果毫米波频点是 60GHz，那么 0.1ppm 的频偏对应的是 6kHz。若一个 OFDM 符号的时长为 70μs，则累计的相位偏差为 151°。这个相应偏差确实不容忽视。由于 DMRS 在时域上间隔 2 个符号，中间那个符号相位无法通过时域内插而得到正确的值，因此需要更加密集的 PT-RS 来对毫米波的频差产生的相位差进行估计。另外，对于毫米波，也需要时隙更短的 OFDM 符号，对应子载波间隔更大一些，同时符号间由频差引入的相位差更小一些。

再探讨一下 PT-RS 对一个符号内的相位噪声能否起作用。

OFDM 信号处理的第一步是 FFT，FFT 是一个积分过程，是把一个符号时长为 67μs 的信号进行一系列旋转叠加的结果。所以一个符号时长在 67μs 内每一刻的随机相位噪声在矢量叠加过程中都被抵消了，或者说根据参考信号得到的是 $67\mu s$ 内相位噪声的均值。如此分析，PT-RS 主要被用于估计高频段因频率偏差而产生的相位差。毕竟可以对每个符号有一个标准相位参考，PT-RS 也能更加精确地估计符号间不同的相位噪声。如果不同天线电路有独立的时钟源和 PLL，则会产生不同的相位噪声和相位差；如果是同一个时钟源和 PLL，则不会出现这个现象。同一个终端内部通常是同一个时钟源和 PLL，因此不同的接收通路之间同一个时间片的相位差和相位噪声是基本一致的。

4.2.11　同步过程

PSS、SSS、PBCH（物理广播通道）在 5G 系统中占据相邻的 4 个 OFDM 符号，每个 OFDM 符号里面有 240 个子载波。子载波起点由高层的参数决定，子载波间隔由参数 μ 决定。图 4-11 展示了 PSS、SSS 和 PBCH 的时频关系。图 4-11 中，纵轴是对应频点，横轴是对应的时隙具体到每一个 OFDM 符号（符号 0 ～符号 3），每一个行列对应的格子是一个时频资源符号。

频率				
子载波239		PBCH	PBCH	PBCH
...		PBCH	PBCH	PBCH
子载波236	置0	PBCH	PBCH	PBCH
...	置0	PBCH	PBCH	PBCH
子载波192	置0	PBCH	PBCH	PBCH
子载波191	置0	PBCH	置0	PBCH
...	置0	PBCH	置0	PBCH
子载波183	置0	PBCH	置0	PBCH
子载波182	PSS	PBCH	SSS	PBCH
...	PSS	PBCH	SSS	PBCH
子载波56	PSS	PBCH	SSS	PBCH
子载波55	置0	PBCH	置0	PBCH
...	置0	PBCH	置0	PBCH
子载波48	置0	PBCH	置0	PBCH
子载波47	置0	PBCH	PBCH	PBCH
...	置0	PBCH	PBCH	PBCH
子载波1	置0	PBCH	PBCH	PBCH
子载波0	置0	PBCH	PBCH	PBCH
	符号0	符号1	符号2	符号3
				时间

图 4-11　PSS、SSS 和 PBCH 的时频关系

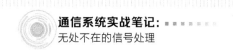

> **注意**：PBCH 所在位置每间隔 4 个子载波有 DMRS，为 PBCH 解调所用。

如图 4-11 所示，PSS 的搜索采用与 LTE 类似的方法——时频同时搜索即可。PSS 对应 126 个子载波，而子载波间隔可能有 15kHz 和 60kHz 两种情况。这里需要分别进行搜索，首先需要考虑每次缓存 8.33μs 的数据块，与前面的 8.33μs 的数据块构成一个 16.7μs 的数据块，进行 FFT 后获得 60kHz 的子载波间隔的信号，全频域搜索 PSS。然后在缓存 4 个 8.33μs 即 33.32μs 的数据块时，与前面的 33.32μs 的数据块构成 66.64μs 的数据块，进行 FFT 后获得 15kHz 的子载波间隔的信号，全频域搜索 PSS。如此反复，直到确定在哪个时域、哪种子载波间隔搜索到 PSS 为止。

搜索到 PSS 之后根据图 4-11 再搜索 SSS 和解调 PBCH，在此不再详细描述。

上述描述只是从时频的维度说明了搜索过程。在每一个时频维度运算时，还需要进行码的维度运算。PSS 序列构成公式如公式（4-26）。

$$d_{\text{PSS}}(n) = 1 - 2x(m) \tag{4-26}$$

其中，$m = \left(n + 43N_{\text{ID}}^{(2)}\right) \bmod 127$，$0 \leqslant n < 127$。$N_{\text{ID}}^{(2)}$ 是小区 ID 的一部分，需要对这个集合中的所有可能性都进行搜索。

SSS 序列构成公式如公式（4-27）。

$$d_{\text{SSS}}(n) = \left\{1 - 2x_0\left[(n + m_0) \bmod 127\right]\right\}\left\{1 - 2x_1\left[(n + m_1) \bmod 127\right]\right\} \tag{4-27}$$

其中，$m_0 = 15\left\lfloor \dfrac{N_{\text{ID}}^{(1)}}{112} \right\rfloor + 5N_{\text{ID}}^{(2)}$，$m_1 = \left(N_{\text{ID}}^{(1)}\right) \bmod 112$，$0 \leqslant n < 127$，$N_{\text{ID}}^{(2)}$ 和 $N_{\text{ID}}^{(1)}$ 均为小区 ID，也是需要对所有可能性进行搜索的。

不管是 LTE 的信号还是 5G 的信号，PSS 和 SSS 的搜索过程都是时域和频域上同时进行的。参考 3.2 节，通过 FFT 算法可以快速完成这个过程。在时频同步搜索的基础上还有码序列的同步。解调 MIB 或者 PBCH 的过程就是完整的信道估计、均衡、解调、解码过程，其与后续下行信号的处理过程基本一致，这里暂不详述。

4.2.12　实时性要求分析

为什么 5G 的实时性高？

要解答以上问题，需要学习 5G 物理层的 HARQ 机制。例如，一个 PDSCH 对应的下行传输块是否被正确接收、是否需要重传，以及 HARQ 机制的时序等。这些内容可以通过学习 3GPP TS 38.211、3GPP TS 38.212、3GPP TS 38.213，3GPP TS 38.331 来了解。

首先，PDSCH 是通过 DCI 调度的，而 DCI 中也包含了 HARQ 的时序信息。在 DCI 模式 1_0 时，PDSCH-to-HARQ 反馈时间指示映射到 {1,2,3,4,5,6,7,8} 中的一个 K 值；在 DCI 模式 1_1 时，PDSCH-to-HARQ 反馈时间指示映射到 dl-DataToUL-ACK 的一个集合中的某个取值 K。对于 $K=0$ 的情况，需要根据 PDSCH 被周期调度的时间位置，考虑在收到下一个 PDSCH 之前反馈上一个 ACK。

从表 4-9 可以看到，dl-DataToUL-ACK 字段有 8 个值，每个值都可能是 0 ～ 15 中的一个整型。这表示，HARQ 的 ACK 返回的第 $n+k$ 个时隙的可能性，PDSCH 出现在第 n 个时隙，k 的取值范围可能是 0 ～ 15 个时隙。具体对应某一次 PDSCH 需要反馈 ACK 的 k 的时间位置，通过对应 PDSCH 的 DCI 字段里面的 timing 值，然后查找到 dl-DataToUL-ACK 的索引值，得到 k。如图 4-12 所示，在 PUCCH 配置消息中有 dl-DataToUL-ACK 参数。

表 4-9 PDSCH-to-HARQ 反馈时间指示映射对应 K 时隙序号

PDSCH-to-HARQ 反馈时间指示			K 时隙序号
1bit	2bit	3bit	dl-DataToUL-ACK 提供的第 0 个值
0	00	000	dl-DataToUL-ACK 提供的第 1 个值
1	01	001	dl-DataToUL-ACK 提供的第 2 个值
	10	010	dl-DataToUL-ACK 提供的第 3 个值
	11	011	dl-DataToUL-ACK 提供的第 4 个值
		100	dl-DataToUL-ACK 提供的第 5 个值
		101	dl-DataToUL-ACK 提供的第 6 个值
		110	dl-DataToUL-ACK 提供的第 7 个值
		111	dl-DataToUL-ACK 提供的第 8 个值

```
                             PUCCH-Config information element

-- ASN1START
-- TAG-PUCCH-CONFIG-START

PUCCH-Config ::=                        SEQUENCE {
    resourceSetToAddModList             SEQUENCE (SIZE (1..maxNrofPUCCH-ResourceSets)) OF PUCCH-ResourceSet    OPTIONAL, -- Need N
    resourceSetToReleaseList            SEQUENCE (SIZE (1..maxNrofPUCCH-ResourceSets)) OF PUCCH-ResourceSetId  OPTIONAL, -- Need N
    resourceToAddModList                SEQUENCE (SIZE (1..maxNrofPUCCH-Resources)) OF PUCCH-Resource          OPTIONAL, -- Need N
    resourceToReleaseList               SEQUENCE (SIZE (1..maxNrofPUCCH-Resources)) OF PUCCH-ResourceId        OPTIONAL, -- Need N
    format1                             SetupRelease { PUCCH-FormatConfig }                                    OPTIONAL, -- Need M
    format2                             SetupRelease { PUCCH-FormatConfig }                                    OPTIONAL, -- Need M
    format3                             SetupRelease { PUCCH-FormatConfig }                                    OPTIONAL, -- Need M
    format4                             SetupRelease { PUCCH-FormatConfig }                                    OPTIONAL, -- Need M

    schedulingRequestResourceToAddModList SEQUENCE (SIZE (1..maxNrofSR-Resources)) OF SchedulingRequestResourceConfig
                                                                                                               OPTIONAL, -- Need N
    schedulingRequestResourceToReleaseList SEQUENCE (SIZE (1..maxNrofSR-Resources)) OF SchedulingRequestResourceId
                                                                                                               OPTIONAL, -- Need N
    multi-CSI-PUCCH-ResourceList        SEQUENCE (SIZE (1..2)) OF PUCCH-ResourceId                             OPTIONAL, -- Need M
    dl-DataToUL-ACK                     SEQUENCE (SIZE (1..8)) OF INTEGER (0..15)                              OPTIONAL, -- Need M
```

图 4-12 PUCCH 配置消息示例

由此可见，这个 ACK 反馈的调度是动态的，根据 DCI 的调度来进行，不是固定的一个 K 值。而 ACK 反馈的最长时延是 15 个时隙。最短的时延是 0 个时隙。

到此，需要解释一下时隙。时隙在 5G NR 里面的定义可以从表 4-3 中看到。

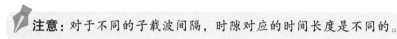

从 HARQ 的调度时序可以看到，一个传输块在物理层基于时隙来调度其反馈节奏，最长的时延是 15 个时隙。而时隙对于不同的带宽配置有着不同的含义。从表 4-3 可以看出，如果带宽为 20MHz、子载波间隔为 15kHz，每个 10ms 的帧包括 10 个时隙，于是 ACK 的反馈在 1 ~ 15ms 的级别；如果带宽为 60MHz、子载波间隔为 30kHz，每个 10ms 的帧包括 20 个时隙，于是 ACK 的反馈在 0.5 ~ 7.5ms 的级别；如果带宽为 100MHz、子载波间隔为 60kHz，每个 10ms 的帧包括 40 个时隙，于是 ACK 的反馈在 0.25 ~ 3.75ms 的级别。由此可见，5G 的时延在物理层上能达到毫秒级别。即使再加上协议栈多个层次之间的重传、重组，以及网络传输的时延，也有机会将时延控制在 10ms 以下，甚至 1ms 以下。

另外，5G 对于下行的 PDSCH 的数据处理性能也有要求。如表 4-10 和表 4-11 所示，对于不同的子载波间隔，PDSCH 处理能力 1 定义的处理下行的传输块时延最短是 8 个符号，最长是 24 个符号；PDSCH 处理能力 2 定义的处理下行的传输块时延最短是 2.5 个符号，最长是 12 个符号。从表 4-3 可知，每 14 个符号对应一个时隙，也就是下行传输块的处理性能在 0.5 ~ 2 个时隙。

注意：对于不同的子载波间隔，时隙对应的时间长度是不同的。

对于 PDSCH 处理能力 1 而言，最低的时延是 20×9μs=180μs。对于 PDSCH 处理能力 2 而言，最低的时延是 2.5×36μs=90μs。

表 4-10 PDSCH 处理时间（PDSCH 处理能力 1）

μ_{DL}	PDSCH 解码时间 $N1$（符号数）	
	未配置附加的 PDSCH DMRS	配置附加的 PDSCH DMRS
0	8	13
1	10	13
2	17	20
3	20	24

表 4-11 PDSCH 处理时间（PDSCH 处理能力 2）

μ_{DL}	PDSCH 解码时间 $N1$（符号数）	
	未配置附加的 PDSCH DMRS	配置附加的 PDSCH DMRS
0	2.5 ~ 4	12
1	2.5 ~ 6	12

对于下行数据块解调解码的处理，5G 的最短处理时间达到了 90μs，通常都在 500μs 左右完成。HARQ 的机制也要求 ACK 反馈在 10ms 内完成。这就解释了为什么 5G 系统

的实时性高。

对于车联网的应用，5G端到端的传输能将时延控制在10ms以内，300km/h的速度对应的运动反应距离也是小于1m的，这样能更好地增强其安全性，达到车联网的场景应用要求；对于智能制造的机器人控制，能做到从检测到远程响应控制在10ms以内完成，也能应用到更多场景，尤其是对实时性要求极高的场景。

4.3 芯片架构讨论：工程实战的制高点

自此我们讨论了很多通信信号处理的基本概念，并对5G的基带信号处理相关内容进行了简单分析。接下来，我就通信基带芯片架构的设计再进行一些讨论，从方法论的角度来进行探讨。

如果要设计一颗通信基带芯片，从哪里开始入手呢？

4.3.1 阅读通信协议（第一步）

通信协议规定了通信系统内各个网元的行为规范和通信语言。只有所有网元都遵循行为规范，才可以进行通信。所以阅读协议是第一步，不管是要实现哪个协议的基带芯片，都需要从这里开始。不管是2G/3G/4G/5G，还是Wi-Fi/BT/Zigbee等，抑或是自定义的协议，阅读协议是最重要的。当然如果是自定义的协议，则在阅读协议还有一个设计协议的过程。此书不讨论如何进行协议设计。

阅读协议，主要是为了理解整个系统的工作机制。而针对芯片架构的设计目的，在阅读协议的时候尤其需要关注其中与芯片架构设计相关的内容。那么具体需要关注什么呢？通信协议是分层结构，包括基带部分和L2/L3/应用协议层面的部分。基带部分主要关注的是物理层的需求，在芯片架构中需要对运算密集的部分给予足够的处理能力，物理层是最关键的。将物理层进一步细分，需要对上、下行链路分别进行分析。这些内容都来源于通信协议本身。从前面对5G标准进行解读的过程可以看到，通过学习协议才能知道物理层处理中运算量需求最大的部分在哪里、数据流的过程是怎样的，这些都是芯片架构设计必要的输入。参考4.2.1节和4.2.3节中关于带宽、子载波间隔的部分，只有通过这些分析才能够明确芯片架构中需要FFT特别处理的模块，以及明确这个FFT处理模块所必备的并行运算单元、数据吞吐量的大小等。在4.2.1节中提到需要4096个采样点的FFT运算必须在35μs内完成，这个信息将作为芯片架构设计的主要输入。

当然，L2/L3 和更高层的部分内容也是需要关注的。由于链路层的校验算法、加解密算法需要比较大的运算量，需要单独的硬件加速器完成，甚至一些打包和解包的处理也需要单独的硬件完成，这些都与协议相关。高层协议处理还涉及多个任务模块划分、多任务调度的优先级、任务间切换的开销等问题，对协议进行充分的理解便能了解系统的需求。系统架构设计中处理器的选择、处理器的个数、处理器的运行速度、内存的容量大小和布局、不同处理器之间的数据交换能力、不同存储介质之间的数据交换能力、不同外设之间的数据交换能力等能否满足这个需求，是需要通过综合考虑、反复仿真和论证才可以确定的。

单说处理器的选择，就需要考虑很多因素，如是否有 Cache(缓存器)、ICache(指令缓存器)和 DCache(数据缓存器)，是否有 MMU(存储管理部件)，流水线等级，中断响应的速度，以及运行的时钟频率等。这些因素对应着系统软件处理的需求，简言之就是在协议规定的时间片内是否能完成所有规定的任务，此部分对应 2.7 节中所述的实时性需求。

如果再进一步展开，Cache 的需求分析又涉及 Cacheline(缓存线)的长度、Cache 本身的入口个数等，这也与系统性能需求、系统软件的特征相关。

以上提到的存储方式、内部各个网元之间的通信方式等，将它们分别展开来讲，都有许多要讨论的点，在此暂不赘述。

4.3.2 搭建原型机的硬件和软件（第二步）

一般选择通用芯片进行原型机的搭建，用软件来实现各种算法和流程，同时会进行各个算法的软件仿真，确定工程上究竟采用哪种算法。仿真采用的是 Matlab 平台，它对链路级的算法串行处理比较有帮助，但会使系统级的各个过程的搭建变得比较复杂，所以一般选择在原型机上编程来实现整个协议。链路级的算法仿真主要包括下行链路的仿真和上行链路的仿真。如果是终端侧，下行链路主要是接收链路，上行链路主要是发射链路；如果是基站侧，则相反。仿真的环节能确定各个算法的性能，对运算量也可以进行估计。从仿真的算法到原型机的工程实现，通常还需要跨越定点化环节，需要对定点化可能造成的性能损失进行评估，最终选择运算量和性能都合适的算法。

搭建原型机一般选择性能超过需求较多的平台，这样可以较快地实现原型机的所有功能，不会在优化算法和软件调度工作方面花太多功夫。原型机搭建好后，整个系统的各个模块的资源需求能够得到更加精细的估计。原型机涉及在具体硬件上实现全系统的所有问题，包括整个软件的层次架构，不同模块之间的通信、资源共享，不同任务之间的优先级等问题。而这些问题对芯片架构的系统分析也很有帮助。例如时钟的精度在系统中的作用、中断响应的开销对系统性能的影响、多任务调度切换产生的开销对处理器性能的影响、整体软件运行对存储空间的要求等，对整个芯片架构设计能进行更精确的指导。

如前述的 5G 终端基带芯片，在完成协议阅读、分析后，就需要搭建原型机，如图 4-13 所示。这个原型机的搭建可采用运算能力很强的芯片平台，如将 TI 的 C64X 系列进行部分物理层、链路层处理，物理层的关键算法可以加上几个 FPGA（现场可编程门阵列）进行辅助处理。这只是一种原型机搭建平台的选择建议，也可以采用多个 4G 芯片进行联合系统原型机的搭建。

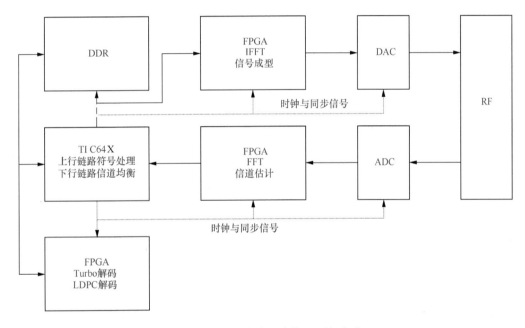

图 4-13　5G 终端系统的原型机参考

如果之前已经有 4G 芯片架构设计的基础，则很多物理层的算法可以根据在 4G 系统上的运行结果进行推算，搭建完整原型机的步骤也可以简化。例如，直接在 4G 芯片上更改部分配置验证协议功能。超过 4G 芯片运算能力的配置可以先不考虑实现，而是通过推算获得 5G 芯片应该设计的架构和电路规模。

4.3.3　芯片架构设计（第三步）

原型机搭建完成后，根据原型机的模块划分和接口关系，可以很清晰地画出芯片功能架构图。重要的工作是要确定采用什么处理器、几个处理器、运行在什么时钟速度上，

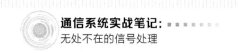

哪些模块用加速器实现、哪些模块用软件实现、整个 SoC（单片系统）的架构如何。其中加速器完成的部分，需要定义出清晰的输入、输出和功能、性能需求，然后进行特定电路设计。

一般什么情况下适合用硬件加速器来实现呢？如果算法的整个过程是确定的、结果并不特别复杂，而且算法内部利用同样的电路结构反复迭代之后得到最终的输出结果，有如上几个特征就非常适合用特定的硬件加速器来实现芯片架构设计了。例如，Viterbi 解码器、FFT 的运算单元，这两种算法非常经典，结构简单，可利用同一个结构反复迭代得到运算结果。理解 Viterbi 解码器的原理、Butterfly 的运算结构、反复迭代的过程可参考前面的章节。特定的硬件加速器可以根据在多长的时隙完成多长的序列的解码来设计 Butterfly 结构的个数。Butterfly 结构的电路基本单元越多，该加速器的并行运算能力就越强，但是对应的成本肯定也越高。FFT 的加速器设计与 Viterbi 的设计思路非常类似。

注意： 虽然在 FFT 里面也有 Butterfly 结构，但是其与 Viterbi 的 Butterfly 结构不是同样的结构，因为它们的基本算法不同。

软件完成的部分，需要给出能支撑这个软件功能和性能的处理器和存储空间要求。尤其值得说一说的就是处理器结构与软件算法之间的关系。前面解析过 SDR 的概念和工程实现思路。此处芯片架构设计与软件算法相关的处理器设计，是 SDR 的工程实现环节之一。这样说也许很抽象，这里以无线终端接收机的例子来进一步说明。在无线终端接收机的下行链路算法中，对于 RF 移频下来采样得到的 IQ 符号，需要进行同步、信道估计及均衡等运算。这样的运算都是针对 IQ 符号的，是复数运算，且每个 I 或者 Q 信号都是有多个比特的分辨率的，如 10 位 DAC 的结果对应的每个 I 或者 Q 信号都是 10 比特有效。所以对应这个阶段的处理器设计一般都是 16 位，且支持 IQ 复数的数学运算的处理器结构。这也是 LTE 时代出现若干个 Vector Engine 的原因。每个 Vector Engine 均包含若干个双 MAC 运算单元，而双 MAC 运算单元最适合进行复数运算。但是下行链路的后续比特级运算主要针对软信息解码，其运算不再是复数运算，所以不再需要双 MAC 结构，而且在解码过程中还需要单比特并行操作，处理器结构也因此需要进行调整，支持单比特并行操作的指令以提高效率。这里所说的支持的各类指令意味着有对应的电路结构来支撑。例如 LTE 的比特级处理器，就有支持 Turbo 解码和 Viterbi 解码的许多特殊指令，而不再包括 MAC 的处理器结构。

当然，多个模块之间的接口，以总线方式、单独的通道方式，还是共享内存方式连接，在进行芯片架构设计时也需要明确。互联互通的方式在芯片架构设计中是至关重要的。

如果一个芯片框架里面有 10 个内核（Core），而两两之间都有互联互通的通路，则意味着有 50 条双向通信的通路。每条通路包括两个内核之间通信所需要的若干地址线、若干数据线、若干控制线，对应的控制逻辑电路都需要进行相应的设定。可以想象，这样的设计必然导致很高的成本。所以，在原型机的基础上只建立那些必要的连接通路才是有效的，这样可以优化成本。这就是为什么在众多模块之间都涉及接口的问题，往往分布式内存和复杂的中断信号网络更加适合这样的场景。

在功能模块、处理器架构，个数、内存分布，互联网络架构等的设计都完成后，芯片功能架构也基本完成。而芯片整体架构，还涉及时钟树、电源域、I/O 接口定义等内容。这些内容看起来与通信协议本身没关系，实际上彼此是分不开的。例如，一个 Vector Engine 进行算法运算，需要频率为 500MHz 的时钟，那么时钟树就必须有相关的分支能支撑这样的时钟需求。从功能划分上来说，不同的模块可以有不同的速度，那么时钟树也需要考虑支持不同模块。另外，不同的模块又需要在不同的状态下被唤醒工作，这与精细的电源域划分密切相关。例如，在待机状态下只有一个简单的接收算法模块和 RF 接口电路需要定时唤醒工作，这两个模块就很有必要被定义在同一个电源域内，与其他运算模块的电源域分开。可见，只有定义了精确的电源域，结合精细的时钟树系统，规模庞大的 SoC 的功耗才有可能非常低。

前面讲得比较抽象，这里结合前述对 5G 系统的分析给出 5G 终端基带芯片需要考虑的架构问题顶层框图，如图 4-14 所示，作为一个具体案例帮助读者理解。框图中每一个问题的回答都需要仿真数据的支持。这些仿真数据或者来自纯粹的仿真平台，或者来自前述原型机的运行结果，以及结合理论推导。

图 4-14 中的每一个方框都值得展开再仔细探讨。例如 L3 的内核选择如果用 ARM 架构，那么选择 ARM 架构的 R 系列还是 A 系列，为什么？如果加上 Cache（缓存器），那么是只加 ICache，还是需要加 DCache？就 ICache 而言，还需要讨论需要几条访问路径，以及需要多大的存储空间。除了 Cache，还需要多大的内存空间？这些内存专门给这个内核使用，还是和其他 Core 共享？这些问题仅仅是将 L3 的一个方框展开讨论的一小部分问题，但它们是属于架构设计过程中的重要环节。

图 4-14 中最右边的一个方框展示了芯片系统顶层所需要考虑的时钟树分布、电源域划分、电源树、系统状态机控制等内容。这些内容正是每个芯片系统都需要单独设计的，虽然看起来非常类似，但是设计出来的每个芯片都不一样。

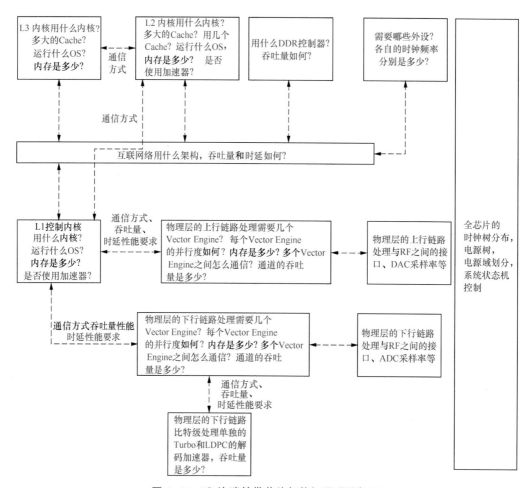

图 4-14 5G 终端基带芯片架构问题顶层框图

时钟树为系统中的每个模块提供工作时钟。有的模块可能需要两个时钟，即工作和休眠的时候需要的时钟。因为大多数系统工作时钟的源头都是一个晶体振荡器，所以逐步为每个模块提供时钟就形成了一棵时钟树。在这棵时钟树上也需要考虑测试时钟输入。

电源域的划分与低功耗需求密切相关，如果在芯片进入低功耗模式后，要求所有不需要工作的模块都断掉电源避免出现不必要的漏电，那么深睡眠控制的部分电路一定是单独的电源域，与其他模块的电源域划分开。如果芯片除了全芯片上电工作，还存在部分模块上电工作的状态，则这些工作模块也一定是单独的电源域，与芯片其他的电源域分开。这里说的电源域有着不同电源开关可以控制的电路模块。这些单独的电源域，有单独的电源开关可以控制其上电和关电，这样整个芯片的功耗会根据芯片处于不同的状态而得到更精准的控制。而芯片的状态是整个系统分析的结果。根据分析结果可生成几个系统状态，从而设计不同的电源域。

4.3.4　细节打磨（第四步）

以上工作都完成后，便可以用 Verilog 进行芯片电路的设计和仿真了，此时进入细节打磨阶段。在工程实现和验证的过程中，再通过迭代修订的方式对芯片架构进行完善。

功能模块，如果用加速器电路单独完成，那么需要有对应的 C 语言建模代码，与 Verilog 实现的模块进行互相验证对比，确保功能实现完全没有问题，同时性能达标。

软件算法部分，需要在对应的处理器仿真平台上进行优化仿真。如果有必要，可以进一步改进处理器的指令集，修订其相应指令执行的电路，获得更优秀的性能。

系统级别的仿真，需要验证不同模块之间的接口和不同的中断信号功能，并验证芯片全系统的功能。

进行反复的修订和验证后，芯片架构设计和工程实现已接近尾声。

把以上过程汇集成集成电路系统架构设计流程（如图 4-15 所示）更容易理解，系统架构设计本身也是一项系统工程，需要反复迭代、不断优化，并延续到芯片电路设计和验证的工作中，得到最优架构。

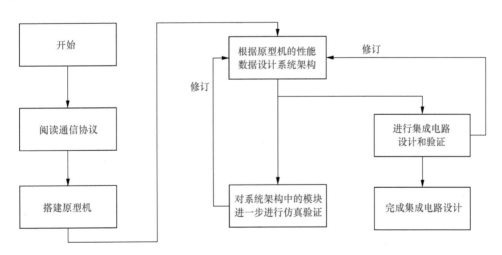

图 4-15　集成电路系统架构设计流程

第5章
通信工程实战经验

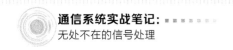
5.1 理解 MAC

MAC 就是一个乘法和加法可以在同一个指令周期内完成的运算单元，或者说一个指令周期能够输出一个乘加结果，也许中间有一级或者两级流水线，从一个循环外面来看就好比每个循环输出一个结果。

20 年前，我从 TI 公司的 DSP 开始学习并使用 MAC 这样的 CPU。最初是单 MAC，后来出现双 MAC，再后来出现 Vector Engine，它包含十几个、几十个、几百个 MAC 阵列。如果你接触过 TI、ADI、ZSP 或者 PicoChip 等公司的 DSP，就会看到不同规模的 MAC 阵列，其就是 DSP 最关键的内核。

为什么 MAC 是 DSP 最关键的内核呢？

《数字信号处理——原理、算法与应用（第五版）》中讲到很多处理数字运算的基本算法，如功率计算、相关运算、复数差分运算、滤波器运算等，它们的共性都是乘加运算，其实就是积分运算。尤其在通信信号处理、数字化的通信世界里，我们需要概率、统计、积分等运算，公共运算电路就是 MAC，现在的神经网络、大量的卷积层运算等也是 MAC。

下面给出几个典型的 DSP 的 MAC 内核结构，具体如下。

（1）TI C54X。图 5-1 所示是典型的单 MAC 处理器结构，在早期的 SCDMA 产品中它被用于基带处理。

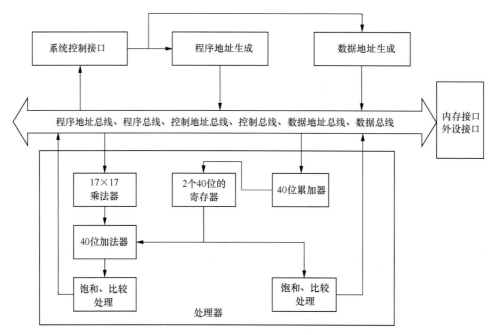

图 5-1　TI C54X 处理器结构示意

摘录一小段典型的算法代码如代码示例 5-1 所示。TI C54X 的内核中只有一个 MAC 单元，语音压缩算法中的一段自相关算法有连续的多个 MAC 运算，但也只能串行运行，性能是比较差的。

代码示例 5–1 TI C54X 的 DSP 代码示例

```
STM   #       Cor_h_h,AR2
STM   #       NB_POS-1,BRC
RPTB          Cor_h_3-1

  SQURA *AR2+,A    ;cor = L_mac(cor, *ptr_h1, *ptr_h1); ptr_h1++;
  STH  A,*AR3-     ;*p4-= extract_h(cor);

  SQURA *AR2+,A    ;cor = L_mac(cor, *ptr_h1, *ptr_h1); ptr_h1++;
  STH  A,*AR4-     ;*p3-= extract_h(cor);

  SQURA *AR2+,A     ;cor = L_mac(cor, *ptr_h1, *ptr_h1); ptr_h1++;
  STH  A,*AR5-     ;*p2-= extract_h(cor);

  SQURA *AR2+,A     ;cor = L_mac(cor, *ptr_h1, *ptr_h1); ptr_h1++;
  STH  A,*AR6-     ;*p1-= extract_h(cor);

  SQURA *AR2+,A     ;cor = L_mac(cor, *ptr_h1, *ptr_h1); ptr_h1++;
  STH  A,*AR7-     ;*p0-= extract_h(cor);
Cor_h_3:
```

（2）Blackfin。图 5-2 所示是 Blackfin 双 MAC 处理器结构，Blackfin 是 ADI 公司的产品，在 3G 时代它被用于基带处理器中。

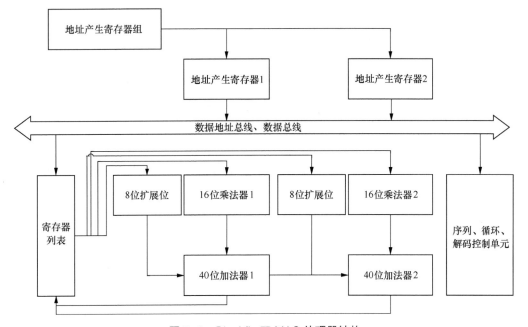

图 5–2 Blackfin 双 MAC 处理器结构

（3）Tensilica。Tensilica 的 Vector Engine 有 16 个 MAC 的矢量运算单元，能同时处理 4 个复数乘法，其结构如图 5-3 所示。

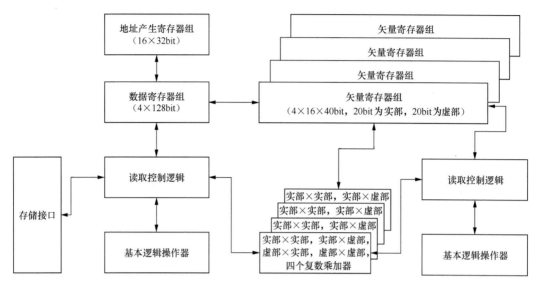

图 5-3　Tensilica 处理器结构

LTE 的物理层代码中的一小段典型算法代码如代码示例 5-2 所示。这段代码是 MIMO 检测算法代码中的中间一段，具体不纠结其对应的数学和物理含义。从代码中可以看到其中大量调用专有矢量运算指令，如带有 BBE_ 前缀的语句。这样的"BBE_"都是特定的指令，适应了矢量处理器的内核结构，能够用一条指令调度内核多个处理单元运算，并同时从内存中获取相应的输入矢量数据，以及输出矢量数据。

代码示例 5-2　BBE_ 的代码示例

```
for(n=0; n<rb_len[q]; n++)
{
    for( i = 0; i < loop_num; i++ )
    {
        index_c1 = sc_start+index_table[i<<1];
        index_c2 = sc_start+index_table[(i<<1)+1];
        k=((index_c2&1)<<1)+(index_c1&1);

        temp1 = vec_rx_ptr[index_c1>>1];
        temp2 = vec_rx_ptr[index_c2>>1];
        rx_vec=BBE_SEL8X20(temp2,temp1,sel[k]);

        temp1 = vec_est_ptr[index_c1>>1];
        temp2 = vec_est_ptr[index_c2>>1];
        h_vec=BBE_SEL8X20(temp2,temp1,sel[k]);
```

```
        temp3=BBE_MUL8X18JPACKQ(h_vec,h_vec);
        temp4=BBE_SEL8X20(temp3,temp3,addsel);
        temp3=BBE_ADD8X20(temp3,temp4);   //save
        temp4=BBE_SEL8X20(temp3,temp3,0xeeee0000);
        BBE_MUL8X18J(vec_h,vec_l,rx_vec,h_vec);
        temp1=BBE_DIV8X32S(vec_h,vec_l,temp4);
        temp2=BBE_SEL8X20(temp1,temp1,addsel);
        temp3=BBE_ADD8X20(temp1,temp2);

        detec_vec=BBE_SEL8X20(temp3>>1,detec_vec,dsel[(data_
len&3)>>1]);
        if((data_len&3)==2)
         {
             detec_vec_ptr[data_
len>>2]=BBE_MUL8X18PACKQ(detec_vec,rou_vec);
         }

        data_len=data_len+2;
    }
    sc_start=sc_start+12;
}
```

通过以上对比就能比较直观地理解，内核结构是应算法需求而产生的。

关于选择平台的对话

曾经有人问我，为什么协议栈软件总是运行在 ARM 架构上，为什么物理层软件运行在 DSP 上呢？好像从开始做通信系统软件那天起，就是这样设计的，那么为什么呢？

因为软件的结构不同，不同的处理器结构有各自配合和适合的软件结构。协议栈软件基本上是基于状态机的，有很多层次结构，需要多个不同优先级的任务来运行。它的总体结构需要一个实时操作系统（RTOS）来进行调度，多个任务可以通信，是互相抢占式的。

物理层软件基本上用于完成算法流程，没有那么多的层次结构。它侧重于算法本身的并行处理方面。DSP 内核也是基于这些算法的特征来设计的。对于中断的响应往往比较慢，甚至现在的 Vector Engine 的 DSP 响应中断的开销都是较大的。

于是，不同的芯片内核适应不同的应用场景，而不同的软件结构运行在不同的芯片内核上，如此配合才可以实现系统的最优状态。

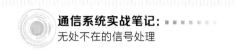

那么协议栈直接运行在 DSP 上，是否可以节省一个 ARM 处理器呢？

这是一个系统设计的问题，不能单纯地用一种惯常的想法来约束系统设计。记得 20 年前刚参加工作的时候，我就设计了一个协议，用于 SCDMA 的基站与基站之间的一种透明的点到点通信，即信号处理算法和协议都运行在一个 DSP 上。

如果是复杂的协议栈，如 GSM/GPRS、LTE 的 L2/L3 协议栈软件，那么在一个 DSP 上是无法正常运行的。复杂的 L2/L3 协议栈软件，逻辑关系也非常复杂，模块多、层次多。一般包括 MAC 层的上行、下行处理，L3 的上行、下行处理，与物理层连接的接口模块、与 IP 层连接的接口模块，以及与其他应用层连接的接口等。这样，多层协议栈软件如果与物理层软件放在一个 DSP 上运行，软件层次会很不清晰，不方便进行模块化设计，还会严重影响物理层的实时性，而且协议栈软件的代码量都很大，分支很多，有缓存器支持的处理器才适用。

像 LTE 这样的协议栈，还需要考虑完全不同的数据面和控制面的需求，数据面和控制面的处理软件也最好在不同的处理器上运行，以保证各自的运行效率和实时性达到要求。

总之，需要根据具体的系统需求来选择平台。

5.2　汇编与其 C 语言封装

进行信号处理算法的工程实现，必须要熟悉汇编语言，而且最好要熟悉 Intrinsic（特殊汇编指令的 C 语言封装）。你可能会说，汇编语言太过时了，但是如果信号处理算法用通用 RSIC（精简指令集）指令来完成，会非常低效。为信号处理算法单独设计的指令或者加速电路需要单独的调用方法，其实就是汇编指令。那么 Intrinsic 是什么呢？

开始进行 GSM 芯片设计的时候，芯片架构是一个双线程的内核。因为这个芯片被用来处理 GSM 的 SDR 的 MDM（调制解调器）软件，其中一个线程会承担 MDM 信号处理和语音信号处理的功能，另一个线程会承担 GSM 的 L2/L3 软件功能，于是需要增加一些特殊的汇编指令来提高信号处理算法的运算效率。如果增加新的指令，编译器就需要认识这些指令。编译器的架构师教给我们，必须写成 Intrinsic，且整个程序看起来都是标准的 C 代码，方便各种移植和阅读。对于编译器而言，直接编译 Intrinsic 即可。在此，以一段代码举例说明，代码示例 5-3 是 LTE 代码中调用 FFT 加速器进行运算的示例。其中 fftcore() 函数实际上在内核中调用了 FFT 加速器运行，但是是用 Intrinsic 的方式实现的，看起来与 C 语言函数一样，易于阅读和维护。

代码示例 5-3 FFT 加速器调用示例

```
cp_remove(input,temp_buf,g_SysPara.fft_num);
fftcore(g_SysPara.fft_num,(INT16*)&temp_buf[0],4,4,0,0,(INT16*)&temp_
buf[N_FFT],    (INT16*)&scale_temp);
fft_shift((INT32 *)&temp_buf[N_FFT], (INT32 *)&temp_buf[0], g_SysPara.
fft_num);
```

所以，对于 DSP 的程序来说，Intrinsic 使整个代码看起来还是遵循 C 语言代码的规则，而真正的 DSP，例如有强大的 Vector Engine 的 DSP，期待用标准的 C 语言代码，编译器能自动变成并行的指令，目前来说编译器还没达到如此智能的水平。参考 5.1 节用到的运行在 Tensilica 内核的一段算法代码，如代码示例 5-4 所示，带有 BBE_ 前缀的语句就是典型的 Intrinsic，而这些 Intrinsic 其实是为完全遵循硬件运行所必需的输入条件而创造的，编译器也是这样将其翻译成硬件执行的指令的。

代码示例 5-4 BBE 的代码示例

```
h_vec=BBE_SEL8X20(temp2,temp1,sel[k]);
temp3=BBE_MUL8X18JPACKQ(h_vec,h_vec);
temp4=BBE_SEL8X20(temp3,temp3,addsel);
temp3=BBE_ADD8X20(temp3,temp4);
llr_vec=BBE_SEL8X20(temp3,llr_vec,dsel[(data_len&3)>>1]);
```

所以，DSP 工程师必须学会用 Intrinsic，Intrinsic 其实就是为汇编语言包装了一个 C 语言的外壳。要真正写好 DSP 的处理算法，必须了解 DSP 的内核有多少种、有多少个寄存器，也必须掌握 DSP 的指令集和每个 Intrinsic。我们期待编译器能把标准 C 代码编译成特殊的高效并行 DSP 指令，但还是需要在掌握以上信息后，通过特殊的编程技巧将 DSP 的所有能力都利用起来。

Intrinsic 的优势是，它将汇编指令封装起来了，所以指令集的升级、维护等工作会被隐藏在这个封装之下，对于程序维护工作而言会变得比较简单。但是，如果我们更进一步思考，探究指令集升级的根源，就会发现，事情没有那么简单。指令集升级一般是因为 DSP 内核发生了变化，如从 8MAC 升级到了 16MAC，甚至 64MAC、128MAC。而遇到这样的情况，原来的算法代码肯定需要采用新的 Intrinsic，才能在新的 DSP 内核架构上进一步提高并行度。所有 DSP 软件工程师本来以为使用 Intrinsic 可以屏蔽指令集升级的代码移植工作，事实上只有掌握了新处理器和芯片的架构和指令，才能编写出效率更高的信号处理算法代码。

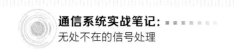

5.3 SDR

从 2000 年开始参与 SCDMA 系统开发，到后来参与 GSM 芯片和 LTE 芯片的开发，我们一直都采用 SDR，也正是因为使用 SDR 的方法才实现了这几个通信系统，逐步加深了我对通信系统原理的理解。

怎么用 SDR 的方法实现一个通信系统呢？总结下来，主要考虑两个以下维度，一个是信号处理算法的维度，另一个是物理层过程控制的维度。其中信号处理算法维度包括接收链路处理和发射链路处理。

5.3.1 发射链路处理

发射链路处理部分包括编码、扩频（如果需要进行扩频）、调制、成形滤波、载波预校正等，如图 5-4 所示。其中虚线框表示有的系统需要这一环节，而有的系统不需要这一环节。软件实现这些过程后，数据会被发送给 RF 前端，由 RF 模块实现上变频，然后通过 RF 的无线电波承载信号，再通过天线发送出去。

图 5-4　发射链路处理原理框图

（1）编码是将原始 L2 数据码流按照预定规则进行 CRC 校验编码、卷积编码或 Turbo 编码等的过程。这个过程提升了原始码流的冗余性，从而提升了接收方正确接收信号的可靠性。

（2）扩频是将原始输入码流的一个比特扩展成若干个比特的过程。这个过程使最终发射的信号带宽加宽若干倍，整个功率谱变宽，信号抵抗窄带干扰的能力提升。

（3）调制环节与前面几个步骤的符号映射环节不同，前面几个步骤都是比特处理环节，无论是编码还是扩频，处理前后看到的都是比特流。调制环节输入的是比特流，输出的却是符号流。符号流就是对应在复数域上，用一个 IQ 对的复数代表输入的若干个比特。例如，QPSK 是一对 IQ 复数代表输入的 2 个比特；16QAM 是一对 IQ 复数代表输入的 4 个比特；128QAM 对应的则是输入的 7 个比特。某些系统，在这个环节后基带信号完全成形，就可以直接输出给 RF 电路进行频率搬移后的发射。而 OFDM 系统，一般还需要进行频域、时域的转换，然后才完成基带信号成形。

（4）成形滤波在前面的章节中单独讨论过。它一般是放在发射链路基带处理环节的最后一个步骤。不是所有的系统都有这个环节。它主要的作用是构成有限带宽的信号，防止信号在发射通道中变形，以及产生带外的杂散。

（5）载波预校正，在我开发过的几个通信系统中，只在 SCDMA 系统终端软件中加上了这个环节。它与接收方测量得到的终端和基站的频差相关。当终端已知和基站之间存在频差后，终端发射的信号必须加上载波预校正的步骤，使在基站端接收到的信号是几乎没有频差的信号。为什么 SCDMA 系统需要这样的处理呢？因为 SCDMA 系统的特征就是在所有终端的信号到达基站的时候，它们在时频上是叠加在一起的，基站没有办法准确测量每一个终端信号和基站之间存在的频差，而残留较大的频差对于解扩的结果会造成较大的伤害。对这个过程的理解可以参考 4.1 节中讨论的 GPS 信号处理方法。

一般在进行通信系统设计的时候都会很清楚地定义其发射链路各个步骤的信号构成特征及生成公式等。所以，通信系统的工程实现只需要保证准确的编程即可。这里我只讨论了终端侧的信号发射处理。在基站侧，因为存在 MIMO 和智能天线的赋形等处理，会更加复杂。

5.3.2 接收链路处理

接收链路在 RF 前端下变频、滤波、放大，并将经过 ADC 采样后接收到的基带数据传送至软件。接收链路部分一般包括搜索网络信号、信道估计、信道均衡、解调、解扩（如果进行扩频通信）、解码等，如图 5-5 所示。

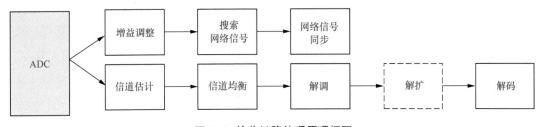

图 5-5 接收链路处理原理框图

（1）搜索网络信号的算法根据网络本身的信号特征进行设计，一般采用时域或者频域的相关运算（如第 3 章所述）。

（2）信道估计则根据不同系统里的导频信号进行不同的算法处理。例如前面讨论过的 GSM 系统中处理每一个时隙中间的导频信号，从而获得信道的几个 TAP；LTE 系统中对

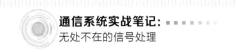

于每个小区的 RS 的测量与估计，得到所有子载波对应信道的幅度与相位。

（3）信道均衡是利用已经得到的信道向量对接收的信号进行均断。例如在 3.3 节中已经讨论过 GSM 系统中的 Viterbi 均衡算法；在 LTE 系统中，信道均衡主要是利用已经得到的每个子载波的幅度和相位修订接收的每个原始子载波的信号幅度和相位。

（4）解调则根据信号本身的特征进行，如 BPSK 判断两个相位区间接收的符号所对应的信息比特是 1 还是 0。如果是高阶调制，则需要对应整个映射（MAP）关系得到比特串或者软信息。一般得到软信息更好一点。

（5）解扩是直接的卷积运算。将同一个原始比特扩频之后的符号矢量与对应的 PN 序列进行卷积可以得到解扩结果。如果是直序扩频的系统，所有发射链信号发生在时域，而收发双方之间存在频差，则需要注意解扩之前一定要去除残留的频差；否则频差会导致卷积运算的结果非常差。这与 GPS 接收机要去除频差讨论的内容一致。

（6）解码是编码的逆过程。如果编码是卷积编码，则用 Viterbi 解码；如果编码是 Turbo 编码，则用 Turbo 解码；如果编码是 CRC 编码，则用 CRC 解码校验。这在前面也有相应的讨论。

5.3.3 控制面处理

控制面处理包括下行链路同步、增益控制、上行链路同步、功率控制。

（1）下行链路同步又分成两个方面：一个是初始同步捕获；另一个是持续同步跟踪。

（2）增益控制是接收机下行链路控制中比较重要的环节。在初始搜索信号的时候，不仅不知道基站信号的频率、时间同步点，还不知道功率。因为终端并不知道自己与基站之间的距离，也不知道基站的发射功率。而在增益控制不合适的时候，即使终端已经接收到了基站的信号，也可能因为接收的信号太大或者太小而无法进行初始同步。所以，增益控制在初始同步环节中一定是与时频搜索一起的一个迭代过程。一旦初始同步建立，接收机下行链路控制就需要持续地测量接收的信号，进行接收增益的控制。这是因为移动终端本身会移动或者环境变化，所以接收到的信号总是在变化的，而接收机的下行信号采样量化的动态范围总是有限的。如果不进行动态的增益调制，就不能快速跟随信号大小的变化而调制接收机的增益，那么接收机的性能很难稳定。增益控制不仅仅体现在对 RF 电路增益的控制上，同样体现在基带信号处理过程中。例如 LTE 系统，图 5-6 所示是其 RS（参考信号）视频位置示意。

信道估计根据接收到的 RS 算出 RS 所在符号的所有子载波信道特征后，对于没有 RS 的 OFDM 符号采用时域内插的方法获得其信道特征。如果在几个相邻时域符号之间存在 FFT 环节引入不同的移位位数而对应不同增益的情况，那么可能会引入比较大的畸变。为什么 FFT 环节会引入不同的移位位数呢？这是因为采用定点的 DSP 处理 FFT 算法，FFT 需要多级迭代运算才能得到最终的结果。每一级迭代运算后，矢量的最大值可能已经接近该 DSP 有效位的最大可表示范围边缘了，为了在下一次迭代运算过程中不出现数值的溢出，会对整个矢量数据进行相应的移位。而整个迭代运算全部完成后，不同的输入信号可能会在迭代运算过程中产生不同的移位位数，这与输入信号的特征相关。例如，同样都是 2048 个采样点的 FFT 运算，如果一个单频率的时域信号经过 FFT 后得到频域信号，由于能量都集中在同一个频率上，迭代过程的移位会比较多。如果输入频谱较宽的时域信号后进行 FFT 运算，由于能量分散在大多数频率上，迭代运算过程的移位会相对较少。这就是 OFDM 系统的基带处理过程经常会面临的不同的 OFDM 符号经过 FFT 运算后实际移位不一样的原因。

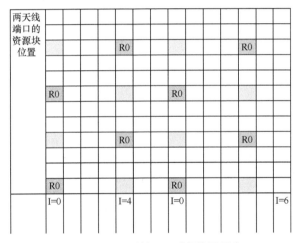

图 5-6 LTE 系统 RS 时频位置示意

（3）上行链路同步是在下行链路同步建立之后，通过基站与终端之间的闭环控制实现的。

（4）功率控制分为初始开环功率控制和持续闭环功率控制两个部分。需要补充的内容是，同步的概念需要扩展到时域、频域及功率，所以结合 2.4 节和 2.5 节中的内容，可以更好地理解上行链路同步的概念和相关的工程处理。

5.3.4　思路扩展

到此，大致讨论了关于 SDR 工程实现中涉及的概念和原理，以及需要关注的环节和步骤等。除此之外，SDR 工程实现还有一个很重要的环节，即硬件环节，该环节涉及芯片架构如何定义、处理器指令如何设计、内部存储空间如何设计、不同的处理器之间如何

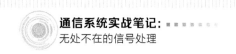

进行高效通信等内容，可结合 4.3 节中的芯片架构设计进行思考，更深入的内容在此书中不做探讨。

下面我将曾经整理过的几个通信系统的基本参数放在一起进行对比，如表 5-1 所示，从中可以得到一些规律，它能引导我们思考通信系统的设计有哪些规律可循、是如何发展的。

表 5-1　几个无线通信系统基本参数对比

项目	GSM	SCDMA	TD-SCDMA	TD-LTE
帧长	4.615ms	10ms	10ms	10ms
子帧长	无	无	5ms	1ms
时隙	每帧 8 时隙 576μs/slot	无	每子帧 10 时隙 675μs/normal slot	每时隙 0.5ms
双工	FDD，上、下行之间差 2 时隙	TDD，5ms 内上、下行切换一次	TDD，5ms 内上、下行切换一次，但上、下行时隙数可配置	TDD，5ms 内上、下行切换一次，但上、下行子帧数可配置
符号	每时隙 156 符号	128 符号；每个符号扩展为 32 码片	扩频因子为 1 时，每时隙 864 码片	14 个 OFDM 符号；20 个 MHz 的带宽，则在每 1ms 内有 1200×14 个时频的符号
同步	FCB 有特定的频率和时隙；SCB 有特定的帧结构位置和时隙	每个下行 5ms 的最前面有 128 码片的同步	每 5ms 内有一个特殊的下行同步时隙 DwPT	PSS 和 SSS，位于专门的时隙的特定时频资源块的位置
训练	每个时隙中间有 26 个符号训练；等于在 576μs 时间片内有 80μs 的训练，有效信息的代价是 14%	没有训练，可以用前面的同步头序列进行	每个时隙里有 144 码片的训练，有效信息的代价是 17%	每 1200×7 个时频符号中有 200×2 个参考信号，有效信息的代价是 17%
TTI	4 个 4.615ms 是一个块，二层与一层交换一次数据，交织也是基于一个块来进行的	10ms 交织一次，没有帧间交织	10ms、20ms、40ms 几种长度的传输块，交织方案也不同，1ms 交互一次	HARQ 的过程跨越 5ms 或者 10ms，交织与 HARQ 结合
跳频	有，一个信道带宽只有 200kHz	无，一个信道带宽为 500kHz	无，一个信道带宽为 1.6MHz	有，在不同的 RB 之间跳转
目标	移动通信、语音、低速数据通信	固定通信、语音、低速数据通信	移动通信、语音、中速数据通信	移动通信、高速数据通信

综上，从固定无线通信系统到移动通信系统，随着一个突发时间越来越短，增加约 15% 的训练序列来进行信道估计可以对抗移动过程中的信道变化快的问题；增加交织方

案，且交织时间长度越来越长，可以抵抗移动过程中的突然衰落的问题；随着数据速率的增大，带宽变大，采用跳频或者扩频技术手段，可以抵抗频率选择性衰落的问题。

5.4 嵌入式软件的实时性

嵌入式软件，从名字就可知道其所处的位置。由于处于边缘设备或者终端设备的集成电路中，一般嵌入式软件的运行环境的资源是非常受限的，如在 CPU 的算力、存储空间的大小等方面。而嵌入式软件最主要的特征在于其主要应用在处理对实时性要求很高的场景。在此，我们对嵌入式软件涉及的实时性问题进行简单分析。

嵌入式软件处于边缘设备或者终端设备的集成电路中，一般架构围绕一个或者多个处理器构建，有多个外设电路，如 GPIO（通用输入 / 输出口）、SPI（串行外设接口）、UART（通用异步接收发送设备）、IIC（集成电路总线）等。每个外设电路都可能接收到外部事件而向处理器发出中断信号，请求处理器响应此中断信号。这正是嵌入式软件主要的工作，即响应各种中断信号和外部事件，或者按照某种协议与外部系统通信，或者控制某些外设进行操作等。对于嵌入式软件的架构，当存在多个中断源，且对每个中断源的响应都有实时性要求时，需要考虑采用分层的嵌入式系统架构。

（1）基础的中断服务程序（ISR）要进行实时的处理，且必须简短、快捷、及时退出，避免中断嵌套，以及一个中断服务程序占用系统太长处理时间。

（2）对于一个中断可能涉及后续一个通信协议的处理，根据上述原则，不要放到中断服务程序中进行处理，需要在接收到上述中断发送的消息或者事件后用单独的任务来处理。

（3）对于多个中断源，可能涉及多个通信协议，需要有不同的任务来处理，不同的任务之间可以规定不同优先级，给予高优先级的任务抢占低优先级任务的执行机会的权利。

正因为如上的基本需求，TI 公司的 RTOS 才有低级中断服务子程序（LISR）、高级中断服务子程序（HISR），以及任务分层的调度设计。图 2-22 展示了实时操作系统可以带来的抢占式效果。由于 RTOS 的任务间切换开销小，能满足实时性要求，且有软件分层逻辑清晰的优点，因此将 RTOS 作为嵌入式软件架构的基础设计会起到事半功倍的效果。

对比来看，没有 RTOS 的基础，单一 while 循环的嵌入式软件结构（也是非常普遍使用的结构）在处理上述复杂情况的时候，往往不得不在中断服务程序中加入太多流程，导致不得不用中断嵌套的方式处理具有更高优先级的任务，这样做的结果是增加不稳定性和不可预测性。

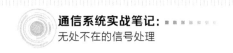

5.5 通信系统开发调试经验小结

我主要开发和调试的通信系统有 SCDMA、GSM/GPRS 和 LTE。我非常享受每一个开发和调试的过程，遇到一个个问题，然后将一个个问题解决，这样便逐步建立了对开发工作的自信。当然我有的时候也会因为某个问题而失眠，这都是很正常的事情，在梦里想明白某个问题的情况也偶有发生。对于如何调试物理层、如何看信号，我也积累了一些方法。

对于物理层的调试，我从开发和调试的几个移动通信系统中总结了以下几点，这些都是在调试过程中尤其需要关注的工程问题。

（1）时间的同步。下行同步是基础，还有上行同步、比特同步、帧同步、复帧同步、时隙同步、睡眠的长时间同步、不同小区的时间同步等。

（2）频率的同步。接收频率同步、发射频率同步、多普勒频移、温度的漂移等。

（3）功率的调整。调整步长、速度、动态范围等。

无线通信终端软件按照协议实现，接收和发射的算法、控制的流程、协议软件都开发完成后，主要就是花大量的时间进行调试和优化，调试和优化所花费的时间是设计文档和开发代码所花费时间的几倍。由于无线信号传播环境的多样与时变，以上 3 个看起来简单的因素往往表现得很复杂,因此调试的时间经常特别长，主要的问题也都集中在这 3 个方面。

虽然从概念上，主要问题集中在上述 3 个方面，但是具体调试过程和分析方法确实非常丰富。下面我将相关调试经验总结如下，或许会对你进行类似的调试工作有帮助。

5.5.1 物理层调试系列——学会看波形

在开发人员开发物理层软件之初，很重要的一点就是，在整个软件的运行过程中需要有方法、工具将最原始的数据波形或者中间运算的某段波形采集输出，使人们能直观地看到。当然，能实时看到所有需要观测的波形的环境是最佳调试环境。但是由于系统资源受限，一般实时输出所有需要观测的波形是很困难的。替代方案是存储一小段波形然后输出，即使有时因为输出原始数据使整个软件系统被迫停止正常工作，也是值得的。这是一种常用调试手段，必须在编写程序时就植入相应的存储和输出原始数据的代码。一般到软件的商用版本发布的时候，这些调试代码通路会被关闭，不会影响软件正常商用版本的运行。

有了采集的原始数据后，观察和分析也是开发人员必须掌握的技能。

应该怎么看这些波形、判断波形处于什么阶段，是物理层软件开发人员具备的最基本的技能。以 OFDM 系统为例，自 RF 接口输入的基带信号，带宽是多少，在哪些子载波上有信号，在哪些子载波上有参考信号，幅度、信号质量如何，观察 FFT 的结果就一目了然了。星座图是分析信号质量的重要工具，从 RF 接口输入的信号的星座图应该是什么样子的？如果信号的星座图是一个"大圆饼"，说明没有接收到正确的信号，或者信号质量非常差；如果信号的星座图是一个圆圈，且是线段比较细的圆圈，说明信号质量不错。进行均衡以后的信号，如果 SNR 较好，就可以用工具画出信号的星座图进行观察。不同调制方式应该与相应的信号星座图对应，如果不够理想，判断差到什么程度，通过解码是否可以得到正确结果。例如，QPSK 对应 4 堆星座点，落到 4 个象限的中间，如果出现的不是 4 堆星座点，而是 8 堆星座点，可以推测是均衡过程的频差补偿出现了问题；如果整个星座图与正确位置的星座图偏差一个角度，说明整体初始相位估计出现偏差；如果每一堆星座点都很分散，则说明信号中夹杂的随机噪声较大。

下面分享一些 2013 年我在怀柔进行 LTE 现场测试时采集的数据片段。

地点 1：该地点信号存在时域衰落和频率衰落，两路发射信号交替发生强度变化；存在其他小区干扰的情况。

在图 5-7 中，落点比较扎堆的星座图说明这次采集的信号质量、均衡结果较好。星座图出现散状或者发射状，说明信号随着时间或者频率有起伏衰减。

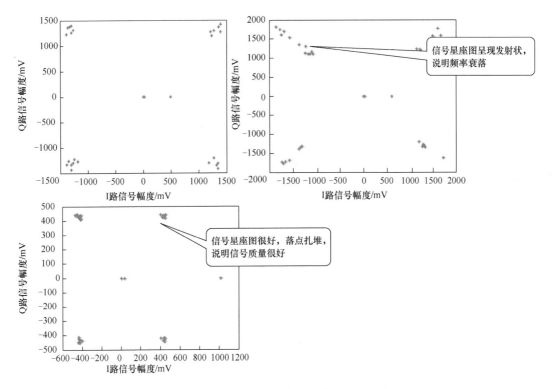

图 5-7　均衡结果很好与不好的星座图对比

图 5-8 是 OFDM 系统的对有 RS 的 OFDM 符号进行 FFT 之后的信号波形图。在图 5-8 中，通过上面两张图可以明显看出两路 RS 波形跌宕起伏，说明终端一路天线接收到基站的两路发射天线信号的信号强度在频域上是在交替变化的；中间两张图信号趋势一致，说明终端接收到基站的两路发射天线信号的信号变化趋势是一致的。每次采集，下行数据信道的 RB 的位置是在不断变化的。

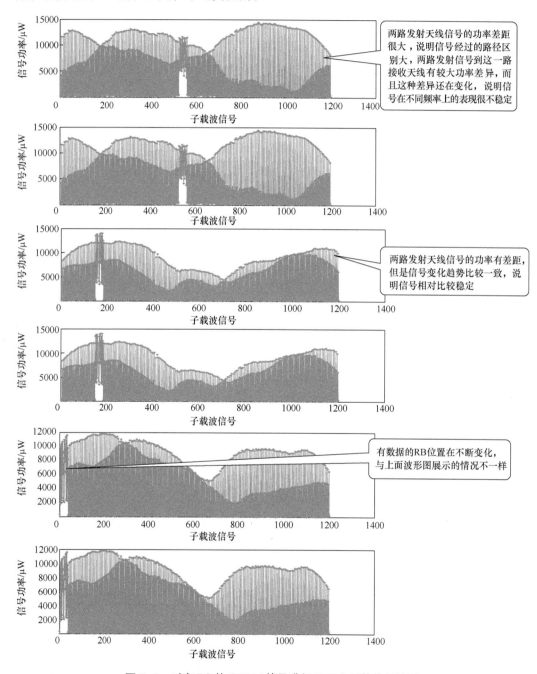

图 5-8　对有 RS 的 OFDM 符号进行 FFT 之后的信号波形

在图 5-9 没有 RS 的 OFDM 符号上，能看出在某些位置存在一些小凸起，代表有干扰信号。这样看比较明显，可见现场存在多种多样的干扰信号。

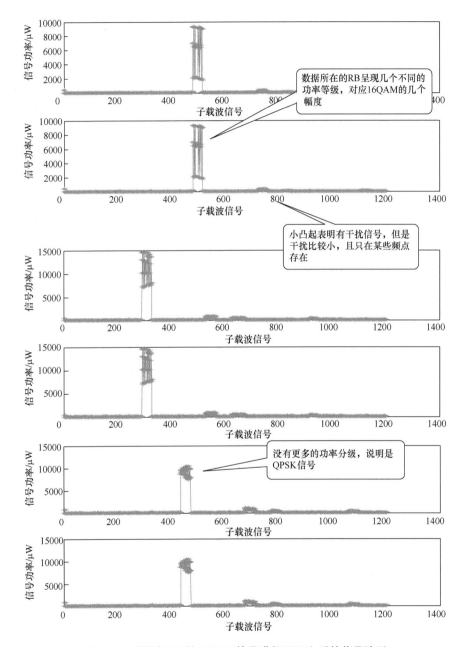

图 5-9　对没有 RS 的 OFDM 符号进行 FFT 之后的信号波形

地点 2：这个位置的信号存在严重频率选择性衰落，动态范围很大。

图 5-10 对比了频率选择性衰落的星座图和信号波形图。

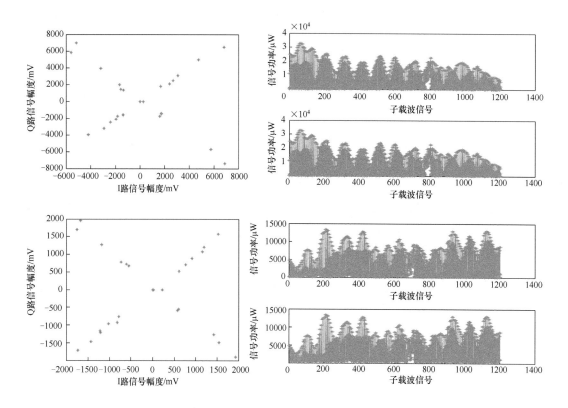

图 5-10　频率选择性衰落信道的星座图和信号波形图

地点 3：如图 5-11 所示，这个地点存在严重干扰信号，符号 4 的星座图分散，是另外一个小区的 RS 功率较大导致的；符号 5 的星座图很好，因为没有 RS 的干扰，而不同小区的 SIB（系统信息块）在不同的 RB 位置上。

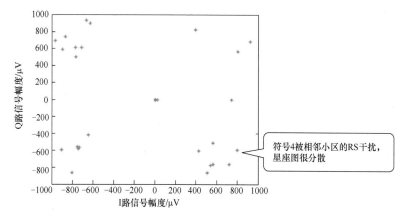

图 5-11　相邻小区的 RS 对本小区有干扰与无干扰的信号波形对比

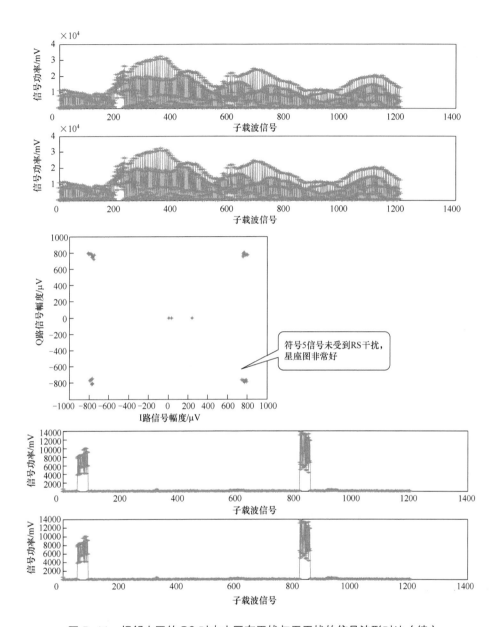

图 5-11　相邻小区的 RS 对本小区有干扰与无干扰的信号波形对比（续）

地点 4：这个地点的两路发射天线信号的变化趋势比较一致，但是一路发射天线信号始终比较弱，一路发射天线信号比较强，如图 5-12 所示。

地点 5：图 5-13 呈现的信号比较干净，有不严重的频率选择性衰落。

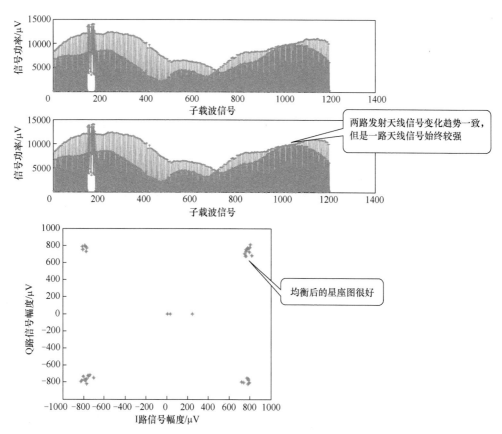

图 5-12　两路发射天线信号到达不均衡的信号图

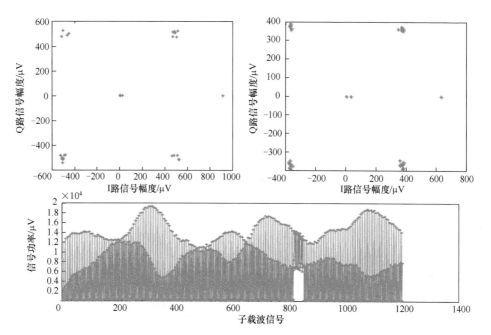

图 5-13　较好的信号图和星座图

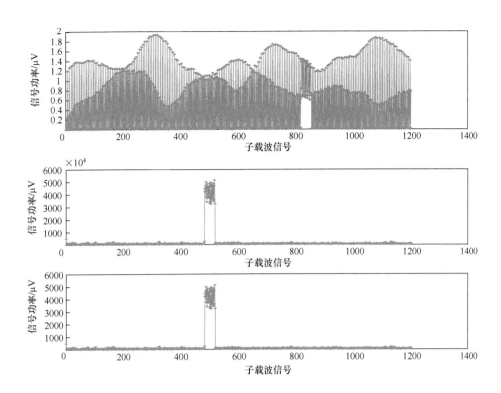

图 5-13　较好的信号图和星座图（续）

地点 6：图 5-14 是典型的平坦信道的信号图。

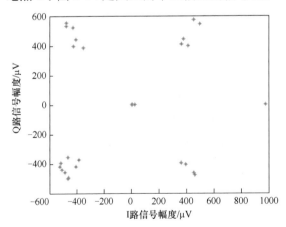

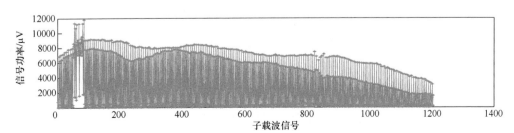

图 5-14　典型平坦信道的信号图

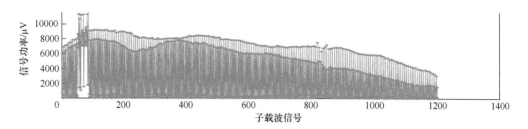

图 5-14 典型平坦信道的信号图（续）

RF 接口输入信号质量较好的信号 16QAM 星座图如图 5-15 所示。

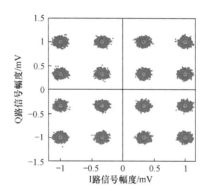

图 5-15 RF 接口输入信号质量较好的信号 16QAM 星座图

RF 接口输入信号质量较差的信号 16QAM 星座图如图 5-16 所示。

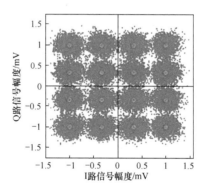

图 5-16 RF 接口输入信号质量较差的信号 16QAM 星座图

经信道估计之后的信道星座图如图 5-17 所示，从图中可见其星座图有不停旋转的相位信息，这是因为在时域信号中取一个符号的开始点与真正的开始点稍微有点偏差时，FFT 之后的数据便在频域上有相位旋转，这个理论在 2.2 节讨论过。但是，信道的星座图相位旋转经过均衡运算之后会被去掉，从而获得很好的星座图。

均衡之后得到的质量较好的 64QAM 星座图如图 5-18 所示。

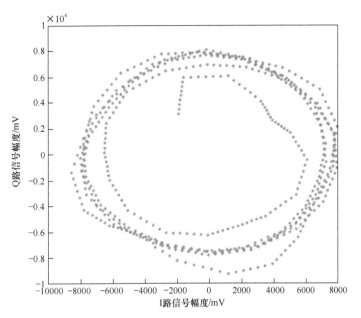

图 5-17　经信道估计之后的信道星座图

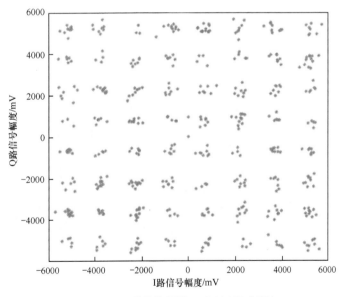

图 5-18　质量较好的 64QAM 星座图

一般为避免空中无线信号干扰，初期调试都会用电缆连接仪器。如果是在电缆连接仪器的环境中，且功率不是很低的情况下，采集的星座图应该是十分聚合的状态，例如，16QAM 对应 16 堆信号矢量端点，QPSK 对应 4 堆信号矢量端点，64QAM 对应 64 堆信号矢量端点。对于最好的信号矢量呈现的星座图的样子，工程师心里都有预期。如果达不到这个预期，就说明程序出现了问题。如果与预期有较大的偏差，说明接收的频率控制

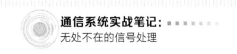

或者增益控制出现错误；如果偏差较小，问题基本出现在信道估计和均衡算法上。例如，LTE 系统的信道估计被分成符号内频域的估计和符号间时域的估计。首先对带有 RS 的符号进行频域估计，由于定点算法里面的位移不同，因此，可能在进行不同的带有 RS 的符号运算时引入不同的增益。那么在用前后两个符号进行内插运算进行时域估计时，两个符号不相等的增益可能会引入额外的误差。

我们可以将示波器挂在 ADDA 的 A 端上来比较直观地观察波形，这是我特别喜欢的调试方式。因为这样观察波形不会影响整个程序的运行，且能观察到整个接收波形的幅度变化，从而确定 AGC（自动增益控制）是否得到正确调整，也能看到整个波形是否有较明显的频偏，即确定 AFC（自动频率控制）是否得到正确调整。如果再根据整个 LTE 基站下行信号本身有无数据信号，结合 RS 的位置等信息，也能通过示波器观察到整个接收时间窗是否正确、时间同步的跟踪是否正确。如果把上、下行信号分别挂在同一个示波器的管脚上，还可以分析收、发端数据相对的时间同步是否正确、对比发送数据的幅度和接收数据的幅度等。一个小小的示波器使用好了能带来巨大的信息量，能帮助使用者快速定位一系列问题。如图 5-19 所示，示波器可以得到 IQ 的波形，根据这个波形还可以分析 IQ 数据是否平衡，存在的频差、衰减等。

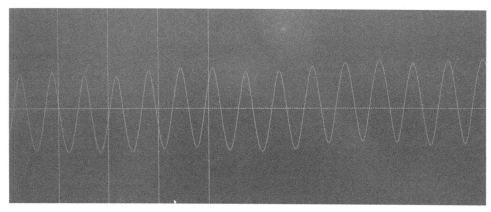

图 5-19　波形图片

物理层软件调试很重要，可准确把握整个物理层链路的时序关系，而在调试过程中合理地应用工具，再结合对时序关系的理解，能达到事半功倍的效果。

5.5.2　物理层调试系列——结合仪器定位问题

关于物理层调试，如前所述总结了 3 点，即时间的同步、频率的同步、功率的调整。LTE 系统调试又经历了漫长而艰苦的过程。细想想，LTE 系统的物理层调试基本上还是这 3 点。不过，我们还需要使用一些系统的方法去分析、定位，提升系统调试的效率。我试着总结了以下几种方法。

1．用信号发生器调试

用信号发生器生成你所需要的 RF 信号，重复发送，然后通过 RF 电缆连接目标板进行调试。这样能基本调试下行链路各个环节的算法的正确性、接口的正确性、调度的正确性。当然，这个环节还可以确认每个算法在目标板上实际运行所需要的运算量和占用的内存空间大小等指标。

2．用信号分析仪调试

与用信号发生器调试类似，但用信号分析仪是针对上行链路的调试。目标板周而复始地生成指定参数的信号波形，信号分析仪接收并进行基本同步和解调分析，确定信号的带宽和符号级处理是否正确。即使这时能看到正确的信号星座图，也不能说明上行链路的调试完全正确，因为比特级的处理和 CRC 验证在这个环节还未进行。

3．用协议分析仪调试

用协议分析仪调试不仅仅是综合了上述两种方法，更多的是对整个协议栈的流程也进行了初步验证。采用这种方式可以使目标板与协议分析仪连续工作，就如同目标板连接了实际的网络一样。但是，协议分析仪在时间、频率和功率 3 个方面的冗余度都很大。所以目标代码即使在这三方面的处理存在小错误，协议分析仪可能还是可以正常工作的。于是，协议分析仪联调成功，此时的代码离真正可以商用还是有一段距离的。

4．现场调试

为什么需要进行现场调试，在实验室用仪器和基站调试完成后，通信系统是否就可以商用了？现场调试环节为何不可省略？

答案正好指向开发移动通信系统的产品最有趣的环节。现场的环境是由多个基站构成的真实网络，其信号是开放的，面临着复杂的干扰、衰落、多径等情况。同时不同地域的现场网络又各不相同，有的衰落严重，有的多径效应明显，有的则是系统内干扰和系统外干扰并存。所以在调试后期，必须到现场进行调试，而且是在各个城市均进行现场调试，直到在大多数城市测试中系统都表现稳定，才可以商用。

由于频率资源是很宝贵的，TD-LTE 的优势是可以高效利用频率资源，运营商一般采用同频组网的方式建设 TD-LTE 网络。在 OFDM 系统的同频组网方案中，可依靠相邻小区不同的 RS 位置来进行信道分离，但是相邻小区的 RS 只有 3 个小区的隔离度，而且 RS 所处的时频位置刚好又是其他小区的用户数据所在位置，所以相邻小区干扰是必然存在的。相邻小区干扰体现为 RS 之间的干扰、RS 对用户数据的干扰、用户数据之间的干扰，以及其他系统对本系统的干扰。各种各样的干扰信号在实验室中很难构建这么丰富的场景，即使没有嵌入抗干扰的算法，LTE 终端在实验室环境中一般也可以和基站保持几十 Mbit/s 的通信速率。但是在实际网络中会遇到各种干扰场景，通信速率可能会降到几 Mbit/s，甚至通信链路很难保持状态稳定。

移动通信意味着必须移动起来才有真正的价值。Wi-Fi 速率较高，不用考虑移动。但是 LTE 是为移动通信设计的，因为实验室没有可以真正移动的空间，所以必须到现场网络中调试其切换的稳定性。在实验室中，也许可以接收两个基站的信号，用衰减器和功率分发器来模拟这个过程；而用户实际使用时，还是会在自然走动的过程中或者在高速移动（乘车）中体验产品的通信质量。所以调试过程也必须模拟这样的移动过程去发现软件的鲁棒性问题。直接到网络中调试是最好、最直接的方式，这样可以观测到真实信号在移动过程中是如何变化的。尤其在小区的边界，信号变化异常复杂，如何能够对信号进行更加精准的测量，让切换的过程更加及时、自然，使数据通信更加稳定、流畅是关键。

综上所述，现场调试是一个抵抗干扰的过程，是一个从静到动的过程，是一个真正实现移动通信的过程。

现场调试就是真正地通过无线空间与实际基站进行调试。在上述用仪器都已经调试通过的条件下，依然存在很多困难。例如，LTE 系统的现场调试，终端初始接收基站发送的 MIB 可能失败，接收 SIB 可能失败；MIB 和 SIB 都接收成功，基站可能接收终端发送的初始接入 PRACH 信号失败；PRACH 被基站成功接收，终端接收响应 RAR 信号可能失败……

采用如上方法进行调试时主要会经历以下几个过程。

1. MIB接收失败

用示波器加在目标板的 ADC 的 A 端（模拟信号端），观察当目标代码开始进行扫频，AGC 开始计算 MIB 的过程中 A 端的信号，信号忽强忽弱，还是存在很大程度的溢出，或是信号太弱？如果信号弱到看不见，可能是频点设置错误。基站在 2.6GHz 发射信号，如果终端在 2.5GHz 频段搜索信号，那么肯定是接收不到的。信号忽大忽小，代表增益控制不合适，需要检查 AGC 的调整算法，如果增益控制算法正确，则能在几个回合内让信号幅度收敛到适中的幅度；如果增益控制不收敛，再查看接收的功率算法是否计算正确，如果功率过大，就将接收增益调小，反之亦然。需要注意步长调整不要过大。如果步长调整过度，就会看到接收信号的波形振荡。信号强弱合适，那么根据你找到的 PSS 和 SSS，需要进行下行同步接收时间窗的调试。一定要让 MIB 的信号能够按照计算的时间点进入接收窗口。如果没有正确接收 MIB 信号，这里可以输出 MIB 的原始数据波形来观察，如 5.5.1 节所述。问题逐个解决后，MIB 是一定能够通过正确接收和解调得到的。

2. SIB接收

因为 SIB 有调度周期，所以其在时序控制上的要求更高，这些都是已在协议上规定好的内容，认真阅读协议，正确按照协议规定来操作就可以实现目标。按照协议规定，应先接收 SIB1，再接收其他 SIB。为什么呢？SIB1 里告知基站的上下行配置与其他 SIB 的调度周期，而且 SIB1 本身的调度是固定的帧号和子帧号。这些内容在协议里面已经很明确，但是我们还是会疏忽或反复出错。调试过程就是不断修订对协议的理解偏差或者实现偏差。

3. PRACH接入不成功

终端在持续稳定接收到 SIB 状态后，下行链路的调试基本上没有大问题了。PRACH 信号是第一个上行链路信号，必然会遇到问题。如果 PRACH 的波形数据本身在算法验证阶段就处理好，在采用信号分析仪进行调试的阶段也已经核对过信号星座图，那么说明数据本身无太大问题。加上示波器观察，把示波器加在目标板的 DAC 的 A 端，用两个探头同时抓取接收的信号和发射的信号，这样可以看到的信息比较多。首先观察 PRACH 的波形是否与你用 Matlab 画出来的波形相似呢？如果完全不像，检查波形对应的数据区域地址是否错误；如果相似，就说明不是这个地方有问题。然后观察幅度是不是太小？这个是有可能的，如果数据本身幅度太小，要考虑在基站接收到信号时，会因功率太小而检测不到。如果数据本身幅度合适，那么在基带数字域环节还需要重点对比接收的同步点和发射的同步点之间的时间差是否与协议规定一致。如果不一致，那么 PRACH 会落到基站搜索时间窗的外面，基站是无法接收到 PRACH 信号的。此时在示波器查看波形，需要放大到很大，精确到微秒的级别。按照协议规定来进行分析，发射的标准起点应该比接收的标准起点提前 20μs，不能延后，哪怕仅延后 1μs，基站都有可能接收不到 PRACH 信号。为什么？基站在处理 PRACH 这种还未上行同步的信号时，会搜索一个较大的时间窗，但也不是无穷大的，这个边界也是由协议规定的。由于信号在空中传输是需要时间的，电磁波传输速度与光速一致，即便这样，传输每 300m 的距离也会产生 1μs 的时延。所以在终端发射信号时微微提前是有更大的概率落到基站的搜索时间窗内的。图 5-20 给出了基站和终端的时间窗示意。

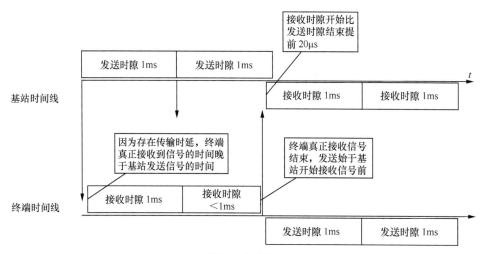

图 5-20　基站和终端的时间窗示意

前面的 3 台仪器调试阶段出现的错误都是可以被包容的，但是商用的基站的错误是不能被包容的。因为商用基站要考虑的同时接收所有终端的信号，所以终端必须按照协议规则进行时序控制，否则基站也无法工作。

我们必须关注功率、时间和频率这 3 个维度。在整个通信过程中，在这 3 个维度上基站与终端一直在进行闭环调整，一次调整幅度不要太大；调整的方向也需要与物理含义相匹配，如时间只能往前调，不可能往后调，往后调就会与接收时隙混淆，如果出现往后调的情况，必定是程序出现问题了。多观察数据和波形，后续的调试还有很多内容，整个系统能稳定往往需要比较复杂的调试过程。

5.5.3　思路扩展

在这些调试工作中，我们会有很多奇妙的想法，尤其是在突然领悟到那些数学公式的含义时的美妙时刻，那是极为让人兴奋的。当现场调试遇到各种实际干扰场景时，大脑会被激发，综合各种线索，寻找抗干扰的方法，在感觉到豁然开朗时也会产生很强烈的成就感。

LTE 网络存在大量同频组网的情况，相邻小区发送的 RS 位置可能会重叠或交叉。重叠在一起的 RS 直接对接收端的信道估计产生干扰，而不重叠的 RS 会对接收端的数据本身产生干扰。这两种情况都需要对干扰信号进行估计与重构，从接收的信号中把它们消除，这样才可以达到较好的均衡结果。RS 的估计与重构算法过程复杂，而巧妙地应用数学知识可以帮助我们。例如，应用曾经学习的信号与系统、数字信号分析等知识——信道估计可采用相关运算，在相关运算的运算量较大时，可用 FFT 来提高效率；由信号处理原理可知，时域的相关运算等于频域的点乘，这个数学变换非常有用；在 GPS 的长时间积分运算过程中，FFT 运算量会比时域运算量小几个数量级；OFDM 系统的信号处理是时域与频域不断迭代交换运算的过程。将这些非常相似的数学算法用在不同的地方，有时稍微对算法进行一些变形，就能衍生新的抗干扰算法。更细节的数学推导就不在此赘述了。

最后补充一下，如果芯片架构采用 SDR 架构，新算法可以在短时间内得以实现，并在现场网络中得以验证，更快速地提高接收机的性能。芯片开发的成本太高，SDR 架构能够帮助系统设计者在算法优化与芯片开发成本之间找到平衡。

参考文献

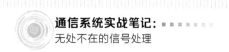
[1] 3GPP TS 46.010. 3rd Generation Partnership Project; Technical Specification Group Services and System Aspects; Full Rate Speech; Transcoding(Release 7), July 2007.

[2] ITU-T Recommendation G.729.Coding at Speech of 8kbps using Conjuncate-Structure Algebraic Code Excited Linear-prediction(CS-ACELP), March 1996.

[3] 3GPP TS 26.090. 3rd Generation Partnership Project; Technical Specification Group Services and System Aspects; Mandatory Speech Codec Speech Processing Functions; Adaptive Multi-Rate (AMR) Speech Code; Transcoding Functions, December 1999.

[4] 3GPP TR 45.050. 3rd Generation Partnership Project; Technical Specification Group GSM/EDGE Radio Access Network; Background for Radio Frequency (RF) Requirements; (Release 7), September 2005.

[5] Bluetooth SIG. Bluetooth Core Specification V5.0, December 2016.

[6] 3GPP TS 38.211.3rd Generation Partnership Project; Technical Specification Group Radio Access Network; NR; Physical Channels and Modulation(Release 15), December 2018.

[7] 3GPP TS 38.212. 3rd Generation Partnership Project; Technical Specification Group Radio Access Network; NR; Multiplexing and Channel Coding(Release 15), December 2018.

[8] 3GPP TS 38.212.3rd Generation Partnership Project; Technical Specification Group Radio Access Network; NR; Physical Layer Procedures for Control(Release 15), December 2018.

[9] 3GPP TS 38.331.3rd Generation Partnership Project; Technical Specification Group Radio Access Network; NR; Radio Resource Control (RRC) Protocol Specification (Release 15), December 2018.

[10] 3GPP TS 36.211.3rd Generation Partnership Project; Technical Specification Group Radio Access Network; Evolved Universal Terrestrial Radio Access (E-UTRA), Physical Channels and Modulation(Release 12), June 2015.

[11] 3GPP TS 36.212.3rd Generation Partnership Project; Technical Specification Group Radio Access Network; Evolved Universal Terrestrial Radio Access (E-UTRA), Multiplexing and Channel Coding(Release 12), June 2015.

[12] 3GPP TS 36.213. 3rd Generation Partnership Project; Technical Specification Group Radio Access Network; Evolved Universal Terrestrial Radio Access (E-UTRA);

Physical Layer Procedures(Release 12), June 2015.

[13] 3GPP TS 36.331. 3rd Generation Partnership Project; Technical Specification Group Radio Access Network; Evolved Universal Terrestrial Radio Access (E-UTRA); Radio Resource Control (RRC); Protocol Specification(Release 13), June 2016 .

[14] Analog Devices, Inc. Revision 1.0.ADSP-BF53x/BF56x Blackfin Processor Programming Reference, June 2005.

[15] Texas Instrument Incorporated.TMS320C54x DSP Reference Set, Literature Number :SPRU131G, March 2001.

[16] IRIS 411 RF Transceiver for LTE/WCDMA/TD-SCDMA/GSM UE with DigRF v4 Provisional Specification, Advanced Circuit Pursuit, 2012.

[17] Texas Instrument Incorporated.CC2640R2F SimpleLink™ Bluetooth® Low Energy Wireless MCU, SWRS204A–December 2016–REVISED January 2017.

[18] Texas Instrument Incorporated, Acoustic-echo Cancellation Software for Hands-free Wireless Systems, July 1997.